RUDOLF HÜPPEN

MOTORRAD-ELEKTRIK

Grundlagen
Funktion
Wartung
Selbsthilfe

MOTORBUCH VERLAG STUTTGART

Einbandgestaltung: Siegfried Horn
unter Verwendung eines Fotos von Ulrich Schwab

Fotos und Zeichnungen im Innenteil:
Hüppen: 57 Fotos, 24 Zeichnungen
Werkzeichnungen: Beru 1, BMW 5, Böllhoff 1, Bosch 55, Ducati 1, F & S 3, Hella 1, Hercules 1, Honda 6, Kerb-Konus-Ges. 1, Kreidler 2, Laverda 1, Stefa (Haldex) 5, Yamaha 4

ISBN 3-87943-169-8

6. Auflage 1980

Gesamtherstellung: Druck- und Verlagsanstalt Welsermühl, Wels, Österreich
Printed in Austria

Inhaltsübersicht

Vorwort

»Was fahren Sie, und was wollen Sie von der Elektrik wissen?« Diese Frage stellte ich während der Arbeit an diesem Buch wohl hundert motorisierten »Zweiradfahrern«. (Eine bessere – oder dümmere Bezeichnung habe ich nicht gefunden, denn meine Neugier erstreckte sich vom Mofafahrer bis zum Büffeltreiber, also Fahrer ganz schwerer Maschinen.)
»Interessieren Sie sich überhaupt für die Technik Ihres Fahrzeugs, basteln Sie selbst aus Vergnügen an der Sache oder weil Sie keine sachkundige Werkstatt in der Nähe haben? Kennen Sie die Zeitschrift DAS MOTORRAD? (Eine ziemlich wichtige Frage, denn bei MOTORRAD-Lesern kann man ja etwas mehr technisches Wissen voraussetzen.) Verstehen Sie überhaupt etwas von der Elektrik; möchten Sie etwas darüber erfahren, oder haben Sie Angst davor? Welchen Beruf üben Sie aus?« Ich kam mir vor wie ein ehrenamtlicher Befrager eines Meinungsforschungsinstitutes. Je mehr Fragen ich stellte, um so verzweifelter wurde ich.
Um all das zu behandeln, was gewünscht wurde, hätte das Buch einen Umfang von 1000 Seiten haben müssen und hätte schließlich DM 100,– gekostet. Damit wäre es natürlich auch wieder uninteressant für den Leserkreis geworden, den es anzusprechen galt.
Zum guten Schluß überlegte ich mir, was mir als wissensdurstigem »Jüngling« an sechs zusammengebastelten Motorrädern fraglich geblieben war, was ich aber gerne erfahren hätte.
In dieser Linie liegt dieses Buch. Wenn Sie etwas vermissen, so schreiben Sie uns. Vielleicht kann man – sofern es den Rahmen des Buches nicht sprengt – in einer Neuauflage darauf eingehen. Schließlich leben wir in einer Demokratie – sagen Sie Ihre Meinung!

Rudolf Hüppen

Die geniale Erfindung des Kunibald Hintermoser

Kunibald Hintermoser hatte den 1,5-Liter »Beta-Julia SSp« mit 101,5 PS geschlagen, obwohl er nur eine »Gigant 50 S« sein eigen nannte.

Natürlich war die Maschine Kunibalds dem Pick-up-Spider von Justus Müller in der Leistung weit unterlegen, aber dafür hatte Kunibald selbst andere Qualitäten als Justus. Er fuhr also mit seiner Beute, der 21jährigen Thusnelda Sommerwind, nachts um 2 Uhr vom Tanzpalast »Schwarzer Uhu« von Peppireuth (673 Einwohner) nach Schlenkerdorf (284 Einwohner). 19 Kilometer waren es bis dorthin, und der Weg führte über ein romantisches Sträßlein. Es war von Fichten umsäumt, und deren Wipfel bogen sich im lauen Maienwind zueinander und küßten sich.

Nach etwa drei Kilometern hatte sich die sanfte Stimmung der Maiennacht so tief in Kunibalds Herz eingeschlichen, daß er beschloß, sich ein Beispiel an den Fichtenwipfeln zu nehmen. Mit Adleraugen schaute er nach einem sanften Mooskissen aus, doch gerade als er mit der Ausschau begonnen hatte, fing der Motor seiner »Gigant 50 S« zu stottern an und setzte schließlich ganz aus.

Kunibald hatte gehört, daß fast alle Motorversager auf die Zündung zurückzuführen seien.

Er dachte gar nicht daran, daß sein Tank leer sein könne, denn schließlich hatte er am Nachmittag noch getankt.

(Ein Glück, daß er nicht daran dachte, denn sonst hätten wir auf seine Erfindung verzichten müssen.)

Nun waren die Würfel des Schicksals aber schon zu Kunibalds Ungunsten gefallen, bevor er mit Thusnelda den Tanzsaal verließ. Justus hatte einen kurzen Schlauch im Kofferraum seines Wagens, mit dem er Benzin aus seinem Tank ansaugen konnte,

wenn ein anderer wegen Spritmangels liegengeblieben war. In jener Nacht war Justus den umgekehrten Weg gegangen, und Kunibald war das Opfer geworden.
Kunibald war ein wohlerzogener junger Mann, und man hatte ihm schon von Kindesbeinen an eingebleut: »Erst die Arbeit, dann 's Vergnügen.«
Während Kunibald also an der Zündung der liegengebliebenen Maschine hier ein Schräubchen drehte, dort eins und wieder ein anderes, machte sich Thusnelda auf den Weg nach Schlenkerdorf, ohne daß Kunibald etwas davon merkte. Sie machte sich auf den Weg. Bitterlich enttäuscht. Sogar zweifach bitterlich enttäuscht. Einmal, weil sie nun zu Fuß nach Hause gehen mußte, zum zweiten, weil Kunibald solch ein jämmerlicher Versager war. Kunibald hätte doch (natürlich hätte er) – aber ein solcher Gedanke wäre ihm nie gekommen ...
Er hätte doch einmal nach dem Sprit sehen können und sie dann wenigstens schiebenderweise begleiten können. Schließlich hatte Thusnelda den Ton eines an Spritmangel sterbenden Motors schon oft gehört, wenn ihre früheren Kavaliere heimlich den Benzinhahn zugedreht hatten. Zuerst dachte sie, Kunibald wäre auch so schlau gewesen. Aber Kunibald war mit seiner Zündung – bzw. mit der Zündung seiner »Gigant« – beschäftigt.
Vier Tage, nachdem Kunibald morgens um 7 Uhr seine »verfluchte Karre« (so nannte er sie jetzt zutiefst enttäuscht) in die Scheune gestellt hatte, meldete er seine Erfindung an.

An daß
Deutsche Erfihndungsahmt
8000 Deutschlands heumliche Haubtstad

Bedrifd: Zündung bei Motorrädern

Ser geerde Herrn!
Melde hiermid volgende Erfihndung zum Badend an.
Bißhärige Motorräder haten ein fiel zu aufwändige Zündung, weil die Fihrmen Posch und andere ein so grohses Geschäfft mit dehn Zündkerzen und Zündspulen machen wolen.

Wi die Zeichnung und der Täckst zeigen, ißt die Fabrikatsjohn eines Zündfuhnkens sähr fiel einfacher.
Wen ich sehn wil, op in meine Badderi noch Saft ißt, dan neme ich einen Drat und tipe auf dehn Bluhs- und Minußbol. Dan habe ich schohn einen Fuhnken.
Auf diese Ard wärde ich ihn Zuhkunft meinen Zündfuhnken machen. Stad einer Zündkerze schraube ich eine gefehderte Stifftehlekdrode in den Zylinder, wohbei dise Ehlekdrode nadürlich isolirt ist. Ahn diese Ehlekdrode komd der Blusbol.

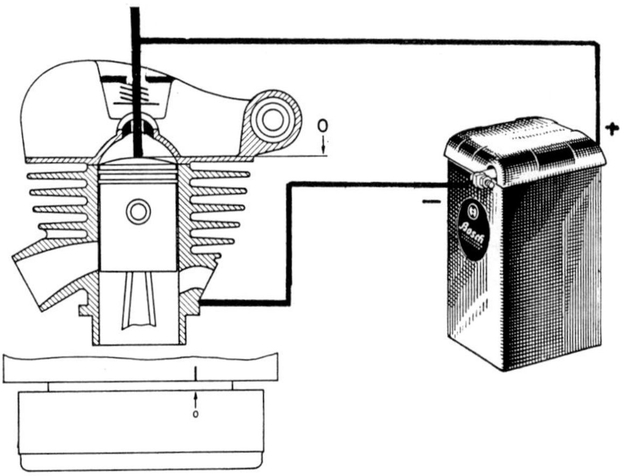

So hat sich Kunibald Hintermoser die von ihm erfundene Abreißzündung vorgestellt.

Wen der Kolben an die Ehlekdrode anstöst, dan gipt es dehn Zündfuhnken, weil der Kolben ja an Maße ligt. Fom Zündzeidbunkt get der Kolben aber noch etwaß höer biß zum ohberen Todtbunkt. Damit der Kolben höer geen kan, ist die Fehder an der Ehlekdrode.
Ales andere womit die Fihrmen Posch und andere einso grohses Geschäft machen, nämlich die Zündspuhlen und Zündkerzen und Underbrächer und Konntensatohr und etc. wird überflüssig.

Hochachtungsfoll
Kunibald Hintermoser

PS! Wen sie eine Fihrma wißen, die wo gut bezalt, dan schreiben sie mir bitte.

Die Abreißzündung

Historische Art der Zündung, die auf ähnliche Art arbeitete, wie in der Patentschrift von Kunibald Hintermoser beschrieben. Da die Firmen »Posch und andere« aber ein großes Geschäft mit Zündspulen und Zündkerzen machen wollten, wurde schon damals nichts daraus!
In Wirklichkeit hatte die Sache einen anderen Haken:
In einem modernen hochverdichteten Motor muß der Zündfunke in einem Kraftstoff/Luft-Gemisch überschlagen, das unter einem Überdruck von mehreren atü steht. Hierzu reicht eine kleinere oder mittlere Spannung nicht mehr aus, sondern es ist eine Zündspannung von 10 000 Volt und mehr erforderlich.

Stellen wir uns ganz dumm

Eigentlich brauchen wir bloß ein kleines Fünkchen, um das »Gas« – das Kraftstoff/Luft-Gemisch – im Zylinder zu entzünden. Alles, was es sonst noch an Elektrik am Motorrad gibt, ist von untergeordneter Bedeutung. Zwar sind die meisten elektrischen Einrichtungen am Motorrad gesetzlich vorgeschrieben, doch läuft das Motorrad auch ohne sie, wenn nur die Zündung in Ordnung ist.
Woher soll man aber die Zündspannung von einigen tausend Volt nehmen, wenn eine Motorradbatterie nur 6 (oder vielleicht 12) Volt hat? Selbst im Haushalt begnügt man sich ja mit 220 Volt. Es hilft nichts, nicht alle Leser dieses Buches werden mit den nötigen elektrischen Begriffen vertraut sein, weshalb hier das Wichtigste kurz und simpel erklärt werden soll.
Sofern Sie die Begriffe Volt, Ampere, Ohm und Watt aber kennen, überschlagen Sie einfach die nächsten Abschnitte. Nehmen Sie es aber bitte nicht übel, wenn diese auf das Nötigste beschränkt und Ihrer Meinung nach etwas kurz geraten sind. Hier handelt es sich ja nicht um ein Elektrolehrbuch, sondern um praktische Motorradelektrik. Weitere Grundlagen werden – soweit nötig – von Fall zu Fall eingeflochten.
Kommen wir zum ersten »Stellen-wir-uns-dumm«-Begriff:

Die elektrische Spannung

Die Spannung ist das, was eigentlich am wichtigsten ist, denn ohne sie kann kein elektrischer Strom fließen. Weil die Spannung in fast allen Fällen so wichtig ist, wird sie bei elektrischen Einrichtungen üblicherweise auch zuerst genannt.
Bis auf ganz wenige Ausnahmen können Sie nichts »Elektrisches« kaufen, ohne die Spannung in Volt anzugeben. Ob es sich um eine Haushaltsglühlampe handelt, eine Batterie für ein Transistorradio oder ein Horn – um die Spannungsangabe kommen Sie nicht herum.
Der Ausdruck »Spannung« ist nur die Bezeichnung für die Art dieser Erscheinung, ebenso wie man ein »Gewicht«, eine »Zeit« oder eine »Länge« kennt. Natürlich gibt es für diese Erscheinung ebenso eine Maßgröße wie für das Gewicht, die Zeit oder die Länge.
So wie man eine Länge in »Metern« angibt, gibt man die Spannung in »Volt« an. Für die Länge kennt man u. a. auch noch das Millimeter oder das Kilometer. Bei der Spannung hat man diese kleineren oder größeren Maßeinheiten ebenfalls; hier spricht man von Millivolt oder von Kilovolt. Ebenso wie bei der Länge das Millimeter der tausendste Teil eines Meters ist, ist das Millivolt der tausendste Teil eines Volts. 1 Kilometer sind 1000 Meter, 1 Kilovolt sind 1000 Volt.
Für die Spannung gibt es ebenso ein Formelzeichen wie für andere Größen, damit man den langen Begriff nicht immer auszuschreiben braucht. Wie man die Leistung z. B. mit dem Formelzeichen P benennt, die Kraft mit dem Formelzeichen F, so hat die elektrische Spannung das Formelzeichen U.
Formelzeichen der Spannung = U
Maßeinheit der Spannung = V (Volt).
Nun gibt es natürlich eine genaue Definition der Größe 1 Volt, wie ja auch 1 Meter seine genaue Definition hat. Diese Definition interessiert uns aber nicht besonders.
Fragt man jemanden, wie groß 1 Meter sei, dann wird er wahrscheinlich in Höhe seines Bauchnabels zeigen und die Entfernung vom Boden meinen. Das dürfte wesentlich anschaulicher

sein, als die Erklärung, daß 1 Meter etwa der 40millionste Teil des Erdumfangs sei. Genauso ist es viel anschaulicher, wenn man sagt, 1 Volt sei 1/6 der Spannung einer Motorradbatterie; 220 V seien die Spannung im Haushaltslichtnetz und 10 000 Volt seien etwa die Spannung, die eine Zündspule abgibt.

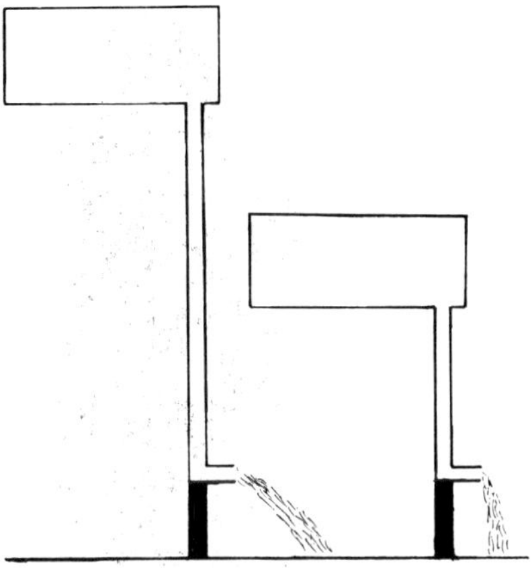

Links: Wenn der Wasserbehälter hoch angeordnet ist, so tritt das Wasser unten am Rohr in einem kräftigen Strahl aus. Rechts: Ist der Wasserbehälter niedrig angeordnet, so fließt das Wasser nur zögernd.

Im allgemeinen vergleicht man die elektrische Spannung mit dem Druck einer Wassersäule. Stellt man sich ein senkrechtstehendes Rohr von 10 Meter Länge mit Wasser gefüllt vor, so hat man am unteren Ende einen Druck (eine Spannung) von 1 atü = 1 kg/cm², neuerdings auch als 1 kp/cm² angegeben. (kg = Kilogramm, kp = Kilopond. 1 Kilogramm ist die Masse von 1 Liter Wasser bei 4° C, 1 Kilopond ist die Kraft, mit der diese Masse auf ihre Unterlage drückt. Entschuldigen Sie bitte, daß das heute so kompliziert ausgedrückt wird. Vor rund zehn Jahren kam man noch mit *einer* Bezeichnung aus und hat auch richtig damit gerechnet. Für Sie darf 1 kg und 1 kp immer noch das gleiche sein!)
Hat das Rohr eine Höhe von 100 m, so ist der Druck 10 atü usw.
Sofern kein Wasser aus der Säule entnommen wird oder am oberen Rohrende ein so großer Vorratsbehälter angeordnet ist, daß die am unteren Rohrende abgezapfte Wassermenge die Höhe der Wassersäule nicht absinken läßt, bleibt der Druck konstant.
Den Wasserdruck kann man aber nicht nur durch einen hochlie-

genden Behälter erzeugen, sondern auch durch eine Wasserpumpe.
Nicht nur eine Batterie hat eine elektrische Spannung (dem Wasservorratsbehälter vergleichbar), sondern sie läßt sich auch durch einen Generator, z. B. einen Fahrraddynamo oder eine Lichtmaschine, erzeugen.

Der elektrische Strom

So wie man die elektrische Spannung mit einem Wasserdruck vergleichen kann, vergleicht man den elektrischen Strom gern mit einem Wasserstrom.

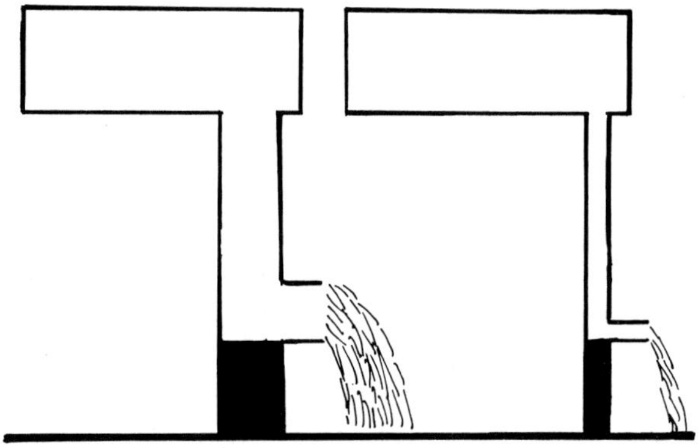

Links: Durch ein dickes Rohr fließt viel Wasser. Rechts: Durch ein dünnes Rohr fließt weniger Wasser. Bei einer elektrischen Leitung ist das jedoch nicht unbedingt so, wie im Widerstandsabschnitt erklärt wird.

Wenn aus einem Hochbehälter große Wassermengen entnommen werden sollen, so muß das Abflußrohr einen entsprechend großen Querschnitt haben, für einen starken elektrischen Strom die elektrische Leitung. Durch dünne Rohre fließt weniger Wasser, durch dünne Leitungen ein geringerer Strom. (Im Abschnitt über den elektrischen Widerstand kommen wir noch darauf zurück.) Ist der Wasservorratsbehälter genügend groß, so kann man ihm längere Zeit einen großen Wasserstrom entnehmen, ohne daß der Druck abfällt. Ist er kleiner, so kann man ihm entweder kurzzeitig einen großen Strom entnehmen, oder einen kleineren Strom über längere Zeit.

Ähnlich ist es bei einer Bleibatterie. Entnimmt man einem kleinen Vorratsbehälter – einer Motorradbatterie – einen kleinen Strom, so reicht der Vorrat entsprechend lang. Entnimmt man ihr einen großen Strom, so ist sie schneller leer. Einer großen Wagenbatterie kann man entsprechend größere Ströme über eine längere Zeit entnehmen. (Der Vergleich zwischen dem Wasserdruck, Wasserstrom und Wasservorrat sowie elektrischer Spannung, Strom und Stromvorrat hinkt etwas, wie alle Vergleiche. Steht der Wasservorrat nur noch im Rohr, so sinkt der Druck bei großer Wasserentnahme schnell vom Höchstdruck auf Null ab, während die Spannung einer vollgeladenen Batterie allmählich absinkt. Zur vollkommenen Entladung benötigt die Batterie eine beträchtliche Zeit, wobei der elektrische »Strom« gegen Ende der Entladung zu einem Rinnsal wird.)
Dem elektrischen Strom hat man das Formelzeichen I gegeben, und die Einheit des elektrischen Stromes ist A, die Abkürzung von Ampere (sprich Ampär).
Formelzeichen des Stroms = I
Maßeinheit des Stroms = A (Ampere).
(Auch für die Einheit des elektrischen Stromes gibt es eine genaue Definition, aber darauf wollen wir ebenfalls verzichten.)

Die elektrische Leistung

Nun, da ist nicht viel zu erklären. Sie wird in Watt angegeben. Die Scheinwerfer-Zweifadenlampen des Motorrads haben eine Leistung von 25, 35, 45 oder 55 Watt für jeden Glühfaden, eine Schlußlicht-Glühlampe 3, 4 oder 5 Watt, ein Haushalts-Tauchsieder 500 oder 1000 Watt. Das sogenannte Formelzeichen für die elektrische Leistung stimmt mit dem für die mechanische Leistung überein.
Formelzeichen der Leistung = N
Maßeinheit der elektrischen Leistung = W (Watt).
Leistung, Spannung und Strom hängen auf einfachste Weise zusammen:
V · A = W
z. B. 6 V · 10 A = 60 W, 220 V · 0,2725 A = 60 W.

Man kann die Rechnungen auch umstellen:

$$\frac{60\ \text{W}}{6\ \text{V}} = 10\ \text{A} \qquad \text{oder} \qquad \frac{60\ \text{W}}{10\ \text{A}} = 6\ \text{V}.$$

Der elektrische Widerstand

Fließt ein elektrischer Strom in einer Leitung oder einem Verbraucher, so setzt sich ihm ein Widerstand entgegen. Dieser elektrische Widerstand hat das Formelzeichen R. Die Maßgröße für diesen Widerstand ist das Ω (Ohm).
Die Spannung U, die Stromstärke I und der Widerstand R hängen nach der Formel $U = R \cdot I$ zusammen. Es ist: $1\ \text{V} = 1\ \Omega \cdot 1\ \text{A}$

Durch Umstellung erhält man: $I = \frac{U}{R}$ oder $R = \frac{U}{I}$.

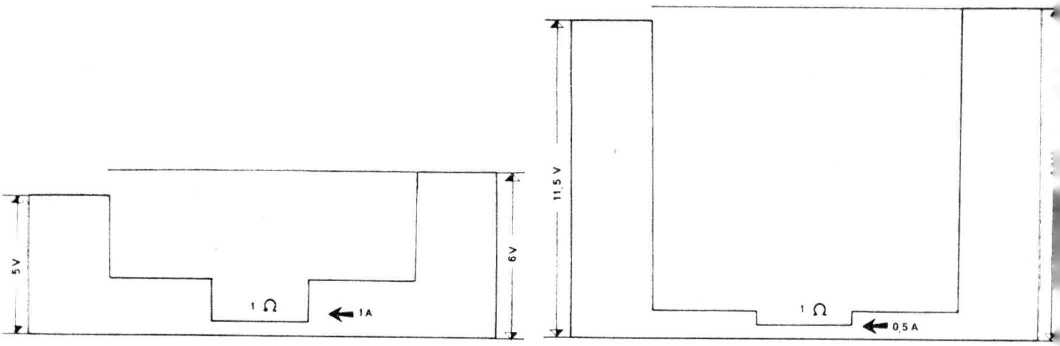

Links: So kann man sich einen Widerstand vorstellen. Fließt durch einen Widerstand von 1 Ohm ein Strom von 1 Ampere, so fällt in diesem Widerstand die Spannung um 1 Volt ab. Das Ergebnis ist eine Leistung von nur noch 5 Volt × 1 Ampere = 5 Watt. Rechts: Sofern die Spannung des Fahrzeugs 12 Volt beträgt, wird nur noch die halbe Stromstärke benötigt wie bei 6 Volt, also nur 0,5 Ampere. Der Widerstand von 1 Ohm frißt also auch nur 0,5 Volt auf, und die Leistung hinter dem Widerstand ist 11,5 Volt × 0,5 Ampere = 5,75 Watt. Spannungs- und Leistungsverluste an Schalterkontakten, Leitungen usw. sind also bei einer 12-Volt-Anlage wesentlich geringer als bei einer 6-Volt-Anlage.

Nun ist der elektrische Widerstand eine nicht allgemeinverständliche Eigenschaft. Man kann aber ganz einfach sagen:

1 Ohm ist der Widerstand, der beim Durchgang von 1 Ampere 1 Volt auffrißt!

Fließen 5 Ampere, so frißt dieser Widerstand 5 Volt auf; fließen 0,1 Ampere, so frißt er 0,1 Volt auf usw.

Störend ist der Widerstand in den elektrischen Leitungen, in Kabelverbindungen und in Schaltern. Jeder hier herrschende Widerstand verhindert, daß dem angeschlossenen Verbraucher (Lampe, Zündspule usw.) die volle Spannung zugeführt wird.

Fließt in einem dünnen Draht nur ein kleiner Strom, so kommt am Ende des Drahts fast die volle Spannung heraus. Fließt in diesem Draht ein starker Strom, so kommt nur ein Teil der Eingangsspannung heraus.

Was sind Stromerzeuger?

Eigentlich kann man nur die Lichtmaschine und die Magnetzünderanlage hierzu rechnen, denn die Kraftfahrzeug-Batterie ist kein eigentlicher Stromerzeuger, sondern nur eine Art Sparschwein. Wenn man ihr elektrischen Strom entnehmen möchte, muß man ihn vorher in ihr gespeichert haben, die Batterie muß geladen sein. (Natürlich sind nur die Blei- oder Nickelbatterien des Motorrads gemeint. Die sogenannten Taschenlampenbatterien oder die Batterien der Transistorgeräte sind galvanische Elemente, die den Strom durch chemische Zersetzung »erzeugen«. Wenn sie aber leer sind, so lassen sie sich nicht wieder aufladen. Für uns sind sie uninteressant.)

Obwohl die Lichtmaschinen, Magnetzünder und Batterien ausführlich in gesonderten Abschnitten behandelt werden, soll hier etwas vorweggenommen werden, was sich wie ein roter Faden durch die ganzen Kapitel des Buches zieht:

Gleich- und Wechselstrom

Gleichstrom aus der Batterie

Einen reinen Gleichstromlieferanten haben wir nur in einer Batterie. Nehmen wir eine Motorradbatterie und schließen wir eine Glühlampe daran an, so fließt ein gleichförmiger Strom vom

Pluspol durch die eine Leitung zur Glühlampe und von dort durch die andere Leitung zum Minuspol der Batterie zurück.
(So nahm man früher an, doch als man die Elektronenröhren entdeckte, stellte man fest, daß der Strom in Wirklichkeit vom Minuspol zum Pluspol fließt. Da das aber weitgehend unwichtig ist, blieb man allgemein bei der zuerst angenommenen Stromrichtung von Plus nach Minus, was wir auch weiter tun wollen.)
Solange die Batterie gut geladen ist und ihr – für ihre Größe – kein zu hoher Strom entnommen wird, bleibt die Spannung gleich, und auch der Strom ändert sich nicht.
Hat man z. B. an eine 6-V-Batterie eine Glühlampe von 3 W angeschlossen, so fließt stundenlang ein gleichbleibender Strom von 0,5 A. (6 V · 0,5 A = 3 W.)
Einfache Vergleiche:
Wenn man einen Wasserhahn aufdreht, fließt das Wasser in gleichbleibender Stärke in einen darunterstehenden Eimer. Das Wasser wird gleichförmig transportiert.
Stellt man sich den Strom als Seil vor und führt dieses durch ein enges Rohrstück, so wird sich dieses Rohrstück erwärmen, wenn man das Seil mit gleichbleibender Geschwindigkeit hindurchzieht.

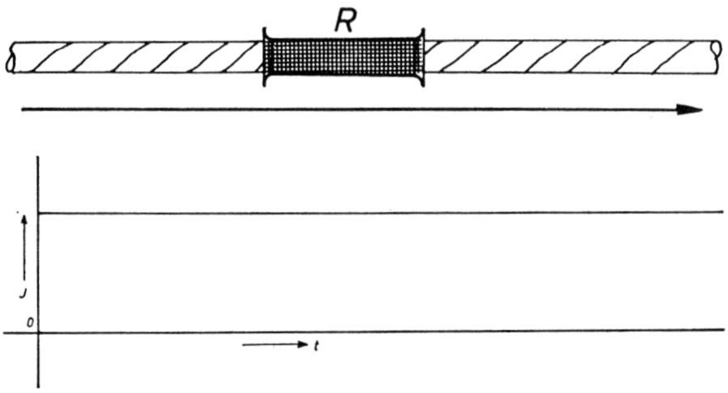

Bei einem reinen Gleichstrom — zum Beispiel aus einer Batterie — ist die Stromstärke I zu jeder Zeit t gleich hoch. Es ist so, als wenn man ein Seil mit gleichbleibender Geschwindigkeit durch ein enges Rohr R zieht. Das Rohr erwärmt sich dabei.

Gleichstrom aus der Gleichstrom-Lichtmaschine

Die Gleichstrom-Lichtmaschine – fachgerechter ausgedrückt der Gleichstrom-Generator –, die bei vielen Motorrad-Typen als

Stromerzeuger verwendet wird, gibt auch einen Gleichstrom ab. Dieser Gleichstrom läßt sich aber nicht mit dem Gleichstrom aus einer Batterie vergleichen, denn sowohl Spannung wie Strom ändern sich laufend in ihrer Größe.
Bei ganz einfachen Gleichstrom-Lichtmaschinen steigen Spannung und Strom einmal auf den Höchstwert, sinken dann auf Null ab, steigen wieder auf den Höchstwert usw. Man sagt dazu: Der Gleichstrom ist wellig. (Das ergibt sich durch die Drehbewegung der Lichtmaschine. Wie man erreicht, daß dieser Gleichstrom weniger wellig wird, bleibt dem Lichtmaschinen-Kapitel vorbehalten.)

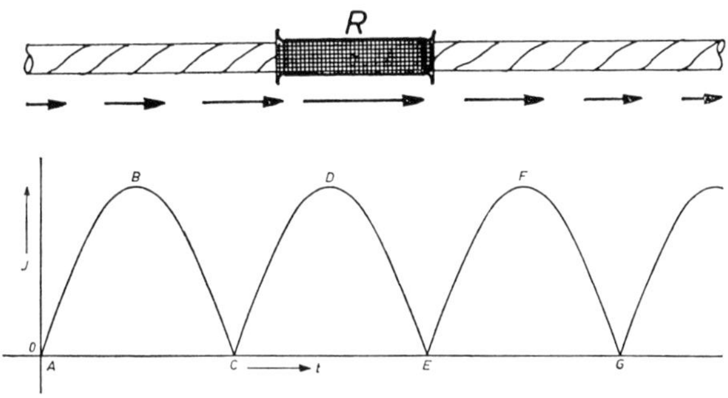

Bei einer Gleichstrom-Lichtmaschine mit nur zwei Ankerspulen schwankt der Strom laufend zwischen 0 und einem Maximalwert. Während er bei A Null ist, ist er bei B auf seinen maximalen Wert gestiegen, bei C wieder zu Null geworden, bei D wieder auf dem Maximalwert usw. Es ist so, als ob man das Seil durch das enge Rohr R mal schneller, mal langsamer hindurchzieht und die Geschwindigkeit sogar hin und wieder auf Null fallen läßt. Sofern die Durchschnitts-Seilgeschwindigkeit dabei aber ebenso groß wird wie im vorhergehenden Bild, erwärmt sich das Rohr R auch genauso stark.

Trotz der Welligkeit dieses Gleichstroms kann man den gleichen Nutzeffekt erzielen wie mit dem gleichförmigen, glatten Gleichstrom aus der Batterie.

Einfache Vergleiche:
Wenn man den Eimer aus dem Wasserhahn über eine Schöpfkelle auffüllt, kann man ihn genauso schnell auffüllen wie bei gleichbleibendem Fluß aus dem Wasserhahn. Allerdings muß man den Wasserhahn beim Auffüllen der Schöpfkelle stärker aufdrehen, damit mehr Wasser fließen kann. In den Pausen, in denen die Schöpfkelle mit Wasser in den Eimer entleert wird, wird der

Wasserhahn jeweils zugedreht. Das Wasser wird ungleichförmig transportiert.
Auch das Rohrstück kann man durch das hindurchgezogene Seil auf die gleiche Temperatur bringen wie bei reinem Gleichstrom, indem man kurzzeitig schnell zieht, das Ziehen abstoppt, wieder schnell zieht usw.
Ein solcher Gleichstrom wird als »pulsierend« bezeichnet. Mit ihm lassen sich aber trotzdem Batterien laden.

Der Wechselstrom

Während der pulsierende Gleichstrom nur zwischen einem Höchstwert und Null schwankt, geht es bei dem Wechselstrom noch weiter. Die Spannung klettert von Null auf den Höchstwert und geht dann wieder auf Null zurück. Jetzt steigt sie aber nicht wieder an, sondern sie fällt auf den Minus-Höchstwert, der genau so weit unterhalb des Nullwertes liegt wie der Plus-Höchstwert über diesem. Der Strom läuft sozusagen zurück.

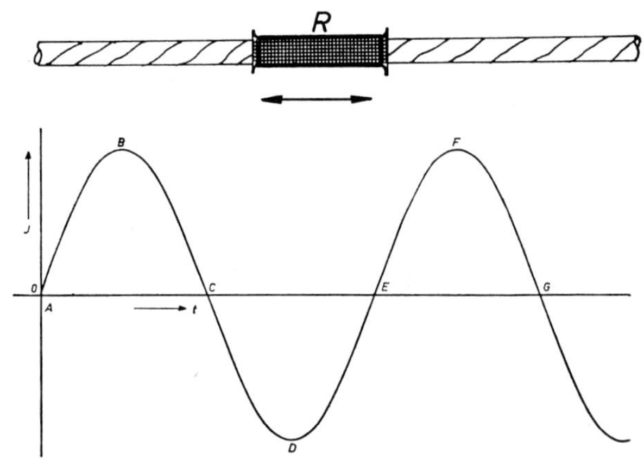

Beim Wechselstrom aus der Wechselstromlichtmaschine ändert der Strom laufend Größe und Richtung. Er klettert von A auf B, fällt herab auf C (dem Nullpunkt entsprechend), fällt weiter zur Minusseite auf D und steigt über E wieder auf F an. Bewegt man ein Seil in einem Rohr hin und her, so kann man auch hier wieder die gleiche Reibungswärme erzielen wie in den vorhergehenden Beispielen.

Beim Wechselstrom schwankt die Spannung also stets zwischen einem Plus-Höchstwert und einem Minus-Höchstwert hin und her.

Einfache Vergleiche:
Man schöpft Wasser zwischen zwei Eimern immer hin und her. Im gleichen Zeitraum läßt sich dabei ebensoviel Wasser »transportieren« wie beim gleichförmigen Gleichstrom und beim an- und abschwellenden Gleichstrom.
Das Rohrstück läßt sich durch ein hin- und hergezogenes Seil genauso stark erwärmen wie bei gleichbleibender Geschwindigkeit oder sich ändernder Geschwindigkeit in gleicher Richtung.
Mit Wechselstrom lassen sich keine Batterien laden.

Die Vor- und Nachteile

Eigentlich kann man gar nicht davon sprechen, denn jede dieser Stromarten hat ihren bestimmten Anwendungsbereich.
Für Glühlampen ist es z. B. gleichgültig, ob man sie mit Gleich- oder Wechselstrom betreibt. Beim gebräuchlichen Wechselstrom, der seine Richtung sehr schnell ändert (beim Haushalts-Wechselstrom 100mal in der Sekunde, man spricht von 50 Hz – Hertz –, das sind jeweils 50 Hin- und Herbewegungen), hat der Glühfaden keine Zeit zum Verlöschen.
Batterien kann man nur mit Gleichstrom laden. Wechselstrom läßt sich mit einfacheren Generatoren erzeugen und durch einen Transformator auf eine beliebige Spannungshöhe umformen. (Zerhackter Gleichstrom allerdings ebenfalls, aber darauf kommen wir noch.)

Parallel- und Reihenschaltung

Die Stromverbraucher im Haushaltsnetz oder im Bordnetz eines Motorrades sind durchweg parallel geschaltet (Ausnahmen bestätigen die Regel). Bei dieser Schaltungsart liegen die Verbraucher – z. B. die Glühlampen – stets mit ihrem einen Anschluß – z. B. dem Sockel – an der einen Leitung, mit dem anderen Anschluß an der zweiten Leitung. Beim Motorrad ist es also so, daß der eine Lampenanschluß stets an »Plus« liegt, der andere Anschluß an Masse. Diese Schaltungsart wird auch als Serienschaltung bezeichnet.
Natürlich ist es nicht so, daß z. B. alle Glühlampen mit dem Mit-

telanschluß an »Plus« liegen müssen und mit dem äußeren Sockel an Masse, sondern es kann auch umgekehrt sein. Wenn die Glühlampen zumeist mit dem äußeren Sockel an Masse liegen, so liegt das nur an den Leuchten, in denen diese Glühlampen eingesetzt werden, denn es ist einfacher, den Bajonettsockel an Masse zu legen und den Mittelanschluß der Glühlampe an Plus als umgekehrt.

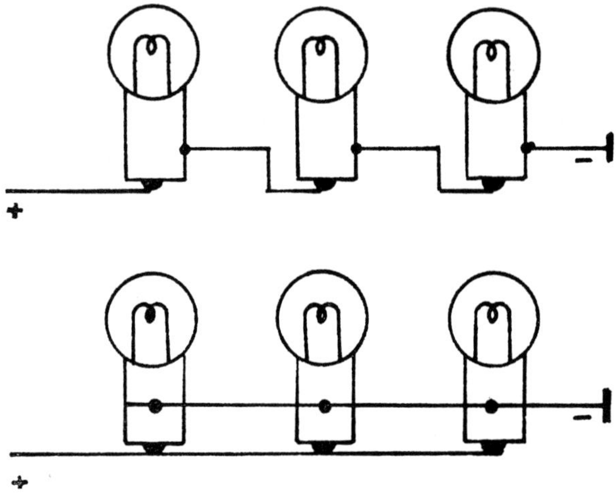

Bei der Reihenschaltung liegt der Pluspol z. B. am Mittelanschluß einer Glühlampe, von deren Sockel führt eine Leitung zum Mittelanschluß der nächsten Glühlampe und von deren Sockel wiederum eine Leitung zum Mittelanschluß der dritten Glühlampe. Von deren Sockel führt die Leitung zur Masse. Diese Schaltungsart ist im Motorrad nur bei den Batteriezellen und bei hintereinandergeschalteten Zündspulen gebräuchlich. Darunter: Die Glühlampen bzw. Stromverbraucher im Motorrad sind parallel geschaltet. Hier ist jeweils ein Glühlampenanschluß mit Plus verbunden, während der andere an Masse liegt.

Bei den im Motorrad verwendeten Batterien wird eine andere Schaltungsart vorgenommen – die sogenannte Reihen- oder Hintereinander-Schaltung. Da die Zellen der Batterie nur eine Spannung von rund 2 V haben, verbindet man jeweils den Pluspol einer Zelle mit dem Minuspol der nächsten Zelle und durch die Reihenschaltung erreicht man die gewünschte Spannungshöhe. Bei einer Motorradbatterie von 6 Volt sind z. B. drei Zellen hintereinandergeschaltet, wobei der Pluspol der ersten Zelle und der Minuspol der dritten Zelle für den Anschluß an das Bordnetz frei sind. Bei einer 12-Volt-Batterie werden entsprechend sechs Zellen hintereinandergeschaltet. (Das gilt allerdings nur

für Bleibatterien; Nickel-Kadmium-Batterien haben eine Zellenspannung von nur 1,2 Volt, hier müssen also mehr Zellen hintereinandergeschaltet werden.)
Bei der Parallelschaltung haben alle Verbraucher die gleiche Spannung – also z. B. 6 Volt. Die Stromaufnahme kann allerdings unterschiedlich sein und somit auch die Leistung. Hierdurch ist es möglich, sowohl 25-W-Lampen wie 5-W-Lampen am gleichen Netz zu betreiben.
Bei der Reihenschaltung muß die Spannungsaufnahme so sein, daß die hintereinandergeschalteten Verbraucher unterschiedlicher Spannung zusammen die Spannung der Stromquelle erreichen. Bei einer 6-Volt-Batterie können es also ein 2-Volt- und eine 4-Volt-Glühlampe sein, zwei 3-Volt-Glühlampen oder auch drei 2-Volt-Glühlampen. Damit diese ihre volle Leistung erreichen, müssen sie aber die gleiche Stromaufnahme haben, also z. B. je 1 Ampere.
Diese Schaltungsart findet man z. B. bei den Zündspulen mancher Zweizylinder-Viertakter. Hier sind bei 6-Volt-Bordnetzen zwei 3-Volt-Zündspulen hintereinandergeschaltet, bei 12-Volt-Bordnetzen zwei 6-Volt-Zündspulen. Klemme 15 der einen Zündspule liegt am Zündschalter, die Klemme 1 dieser Zündspule ist mit der Klemme 15 der zweiten Zündspule verbunden und von deren Klemme 1 führt die Leitung zum Unterbrecher.
Bei der Unterbrecheröffnung wird in beiden Zündspulen die Hochspannung induziert, es springt also gleichzeitig an beiden Kerzen ein Funke über. Da hierbei nur der eine Zylinder im Zündzeitpunkt steht, bei dem anderen Zylinder beide Ventile geöffnet sind, schlägt der Zündfunke bei diesem »ins Leere«.

Die sogenannte Elektronik

Vereinfacht gesagt: Von Elektronik spricht man, wenn in einer elektrischen Einrichtung Röhren oder Halbleiter verwendet werden. Röhren findet man in der Motorradelektrik nicht, aber sogenannte Halbleiter setzen sich mehr und mehr durch. Von diesen Halbleitern interessieren uns vor allem die Dioden, die Transistoren und die Thyristoren.

Wir können hier unmöglich detailliert auf die Grundlagen und Zusammenhänge eingehen, doch eine kurze Erklärung ist nötig. Die sogenannten Halbleiter sind vorwiegend als Silizium- oder Germanium-Gleichrichter zusammengesetzt. Im Grund ähneln diese Gleichrichter den Selen-Trockengleichrichtern, doch sind sie wesentlich leistungsfähiger.
Alle Halbleiter-Bauelemente sind allerdings gegenüber unzulässigen Spitzenspannungen und zu hohen Temperaturen sehr empfindlich.

Die Diode

Hier sind zwei unterschiedlich legierte Silizium- oder Germaniumelektroden aneinandergelegt. Der Strom kann nur in einer Richtung hindurchfließen, wir haben somit einen Gleichrichter – ein elektrisches Ventil. Solche Dioden können also von einem Wechselstrom die eine Halbwelle abschneiden, so daß nur ein Strom in einer Richtung fließt. Hier wird also nur eine Hälfte des Wechselstroms in Gleichstrom umgesetzt. Man bezeichnet das auch als Einweg-Gleichrichtung.
Durch geschickte Anordnung mehrerer Dioden ist es möglich, beide Halbwellen in Gleichstrom umzuformen, man spricht von Vollweg-Gleichrichtung.

Abbildung gegenüber:

So kann man sich die Wirkungsweise eines Gleichrichters bzw. einer Diode vorstellen. Links oben: Liegt der Pluspol eines Stromerzeugers am Pluspol der Diode, so öffnen sich die Ventilklappen und der Strom fließt zum Minuspol. Rechts oben: Liegt der Pluspol der Spannungsquelle an der anderen Seite, so schließen sich die Ventilklappen und es kann kein Strom fließen. Links unten: So kann man sich das Durchschlagen einer Diode oder eines Gleichrichters infolge zu hoher Spannung vorstellen. Links: Bei normaler Spannung hat sich die Ventilklappe geschlossen, und es kann kein Strom fließen. Mitte: Die Spannung ist zu hoch angestiegen, das Ventilplättchen biegt sich durch und beginnt zu reißen. Rechts: Das Ventilplättchen ist zerbrochen, und damit ist die Diode zerstört. Der Strom kann jetzt ungehindert in beiden Richtungen fließen. Rechts unten: Liegt der Pluspol einer Batterie am Pluspol einer Diode, so kann ein Strom fließen, und eine eingeschaltete Glühlampe leuchtet auf. Darunter: Liegt der Minuspol einer Batterie am Pluspol der Diode, so wird der Stromfluß gesperrt.

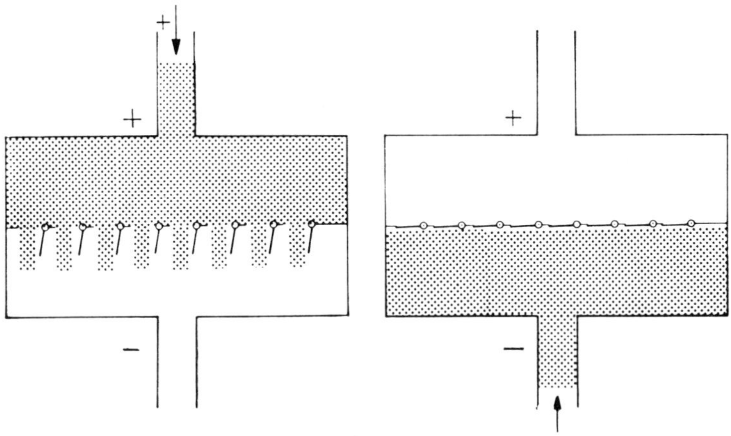

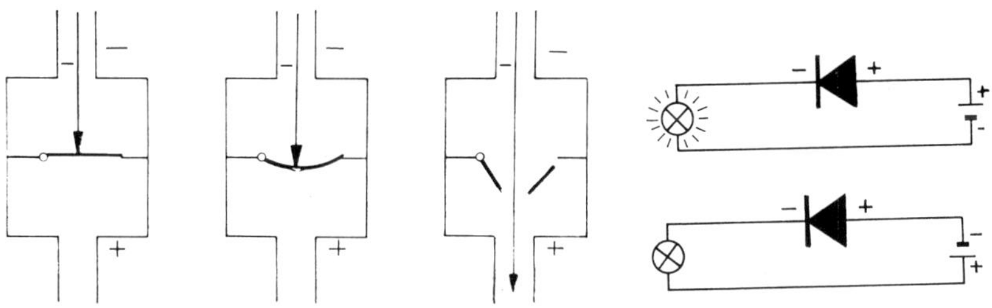

Die Transistoren

Hier sind – vereinfacht ausgedrückt – zwei Dioden gegeneinandergestellt. Durch einen kleinen Strom in der einen Diode läßt sich der Strom in der anderen Diode steuern, wobei er außerdem verstärkt wird. In der übertragenen schematisch-mechanischen Darstellung ist das leichter verständlich. Diese Transistoren dienen also zur Steuerung eines großen Stromes durch einen kleinen, wie es z. B. bei der Transistorzündung der Fall ist.

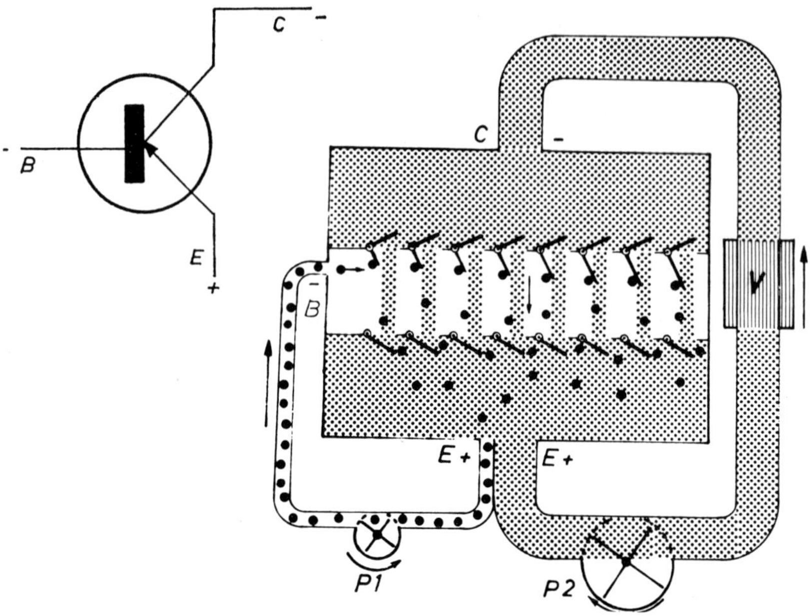

Links oben: Das Schaltzeichen eines Transistors. B = Basis, C = Collektor und E = Emitter. Fließt von E zu B ein kleiner Steuerstrom, so fließt gleichzeitig von E nach C ein größerer Arbeitsstrom. Wie das zu verstehen ist, zeigt das Schemabild. Bewirkt die Pumpe P 1 einen kleinen Elektrodenstrom von E des Transistors zu B des Transistors, so öffnen diese Elektronen die oberen kleinen Winkelventile. Hierdurch kann der Strom von der Pumpe P 2 durch den Verbraucher an C des Transistors gelangen, durchströmt die oberen Ventile und die unteren Rückschlagventile und tritt bei E wieder aus.

Die Thyristoren

Auch hier sind mehrere Dioden-Systeme zu einer Baueinheit zusammengefaßt. Grob gesagt wird dieses Bauelement durch einen schwachen, kurzen Steuerimpuls aus dem sperrenden in leitenden Zustand gebracht.

Im Gegensatz zu den Transistoren fließt der Hauptstrom aber auch dann noch weiter, wenn der Steuerimpuls schon beendigt ist. Auch dieser Vorgang ist in der übertragenen schematisch-mechanischen Darstellung leichter verständlich.

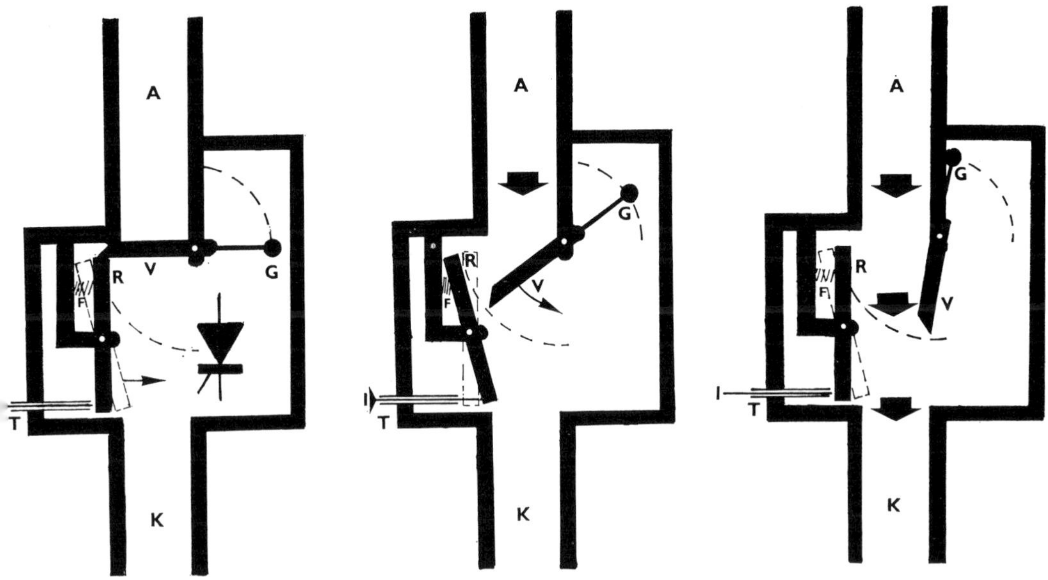

So kann man sich die Wirkungsweise des Thyristors vorstellen. Die Leitung von der Anode A zur Kathode K wird durch die Ventilklappe V abgesperrt. Diese Ventilklappe wird durch den Riegel R gehalten. (Innerhalb der Zeichnung ist das reguläre Schaltzeichen für den Thyristor dargestellt.) Mitte: Hier ist ein kleiner, kurzer Steuerimpuls durch das Tor T in den Thyristor gegeben worden. Dieser Steuerimpuls schwenkt den Riegel R in Pfeilrichtung, und die Ventilklappe schwenkt jetzt unter dem Elektronendruck von der Anode nach unten, so daß der Stromfluß von der Anode zur Kathode freigegeben wird. Rechts: Der Thyristor hat den Stromfluß voll freigegeben. Da der Steuerimpuls am Tor fortgefallen ist, ist der Riegel R wieder in seine alte Richtung geschwenkt. Sobald der Strom von der Anode zur Kathode einen bestimmten Wert unterschreitet, reicht der Druck auf die Ventilklappe nicht mehr aus, und diese wird durch das Gegengewicht G wieder nach oben geschwenkt, wobei sie am Riegel wieder einrastet. Der Thyristor hat wieder gesperrt.

Die Zündung

Eigentlich dürfte diese Überschrift noch nicht hier stehen, denn wir müssen zuerst einige Dinge behandeln, die sich mit der Stromerzeugung im allgemeinen befassen, also sowohl für Lichtmaschinen wie Zündanlagen gültig sind. Natürlich betreffen diese Voraussetzungen nur die Stromerzeugung in elektrischen Maschinen, denn Trockenelemente oder Selenzellen kommen für die Stromversorgung des Motorrades ja nicht in Frage.
Neben der »Stromerzeugung« muß auch noch das Transformieren – das Umspannen – eines Stromes niedriger Spannung in eine hohe Spannung erklärt werden, denn ohne eine ausreichend hohe Spannung können wir keinen Zündfunken erzeugen.
Das, was nachstehend erzählt wird, ist also teilweise auch für Lichtmaschinen gültig, denn auch hier spielt der Magnetismus eine entscheidende Rolle.

Der Elektromagnet . . .

Wenn man um einen Eisenkern einige Windungen Draht herumlegt und die beiden Drahtenden an die Pole einer Batterie anschließt, so wird der vorher unmagnetische Eisenkern zu einem Magnet. Sofern der Eisenkern aus sogenanntem Weicheisen – also nicht aus hartem Stahl – besteht, wird er sofort wieder unmagnetisch, wenn man den Strom ausschaltet.
Eigentlich braucht man gar keinen Eisenkern, denn wird ein Draht – ein elektrischer Leiter – von einem Strom durchflossen, so entsteht um den Leiter herum ein Magnetfeld. Dieser »Magnetismus« ist umso stärker, je höher der Strom im Leiter ist. Ein wirklich kräftiges Magnetfeld kann man aber nicht durch einen noch so starken Strom in einem noch so starken einzelnen Leiter erhalten, weshalb man den Leiter – den Draht – zu einer Spule

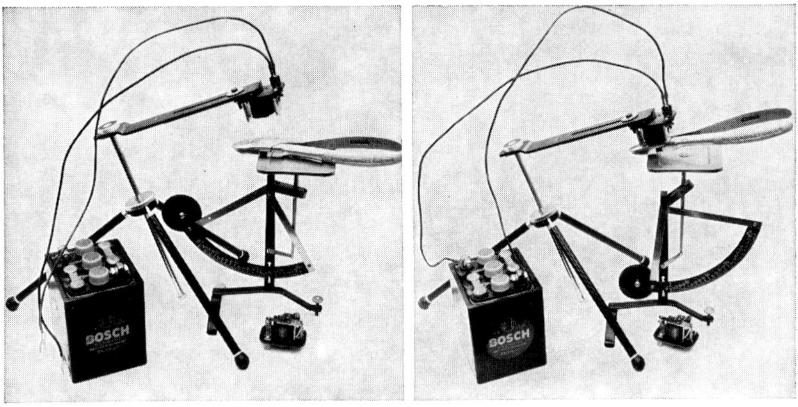

Hier ist der Magnetkern eines Relais an einem Tischstativ aufgehängt und auf einer Briefwaage liegt ein Seitenschneider. Rechts: Die Stromzuleitungen des Relais sind mit einer kleinen Motorrad-Batterie verbunden. Die Magnetkraft ist so stark, daß sie selbst den verhältnismäßig schweren Seitenschneider hält.

aufwickelt. Je mehr Windungen diese Spule hat und je höher der Strom in dieser Spule ist, umso größer wird ihre magnetische »Kraft«.

Diese magnetische Kraft wird durch die sogenannte Amperewindungszahl (AW) bestimmt. Man kann die gleiche magnetische Kraft zum Beispiel durch folgende Zusammenstellungen erreichen:

1000 Windungen × 10 Ampere = 10 000 AW (Amperewindungszahl)
2000 Windungen × 5 Ampere = 10 000 AW
5000 Windungen × 2 Ampere = 10 000 AW
100 Windungen × 100 Ampere = 10 000 AW.

Natürlich gibt es Grenzen in dieser Zusammenstellung. Man kann keine beliebig dünnen Drähte ziehen, um unendlich große Windungszahlen zu erreichen. Man kann die Stromstärke auch nicht beliebig steigern und dafür die Windungszahl sehr verkleinern, denn die Zuleitung zur Spule muß ja für die entsprechende Stromstärke ausgelegt sein. Schließlich muß man auch noch beachten, daß die Stromquelle nur eine bestimmte Stromstärke

abgeben kann – einer Motorradbatterie kann man z. B. keinen Strom von 100 A entnehmen.
Im Inneren der stromdurchflossenen Spule hat man die größte magnetische Kraft.
Hat man die Spule auf einen Holzkern gewickelt und schaltet man nun den Strom in der Spule ein, so hat man einen Elektromagnet, der kleinere Eisenteilchen anziehen kann. Zieht man den Holzstab heraus und steckt statt dessen einen unmagnetischen Eisenstab in die Spule, so stellt man überrascht fest, daß die Magnetkraft um ein Vielfaches stärker wird. Jetzt kann man beträchtlich schwerere Eisenstücke mit dem Elektromagnet heben. Wie kommt das? Schließlich wird die magnetische Kraft doch durch die stromdurchflossene Spule erzeugt?
Nun, beim Eisen bildet jedes Molekül einen eigenen, winzigen Magnet. Diese Magnete liegen wahllos durcheinander – also Nord- und Südpole bunt gemischt –, so daß das Eisen nach außen nicht als Magnet wirkt. Legt man um das Eisen eine Wicklung, durch die ein Strom fließt, so richtet das Magnetfeld der Wicklung die winzigen Molekularmagnete in eine einheitliche Richtung aus – alle Südpole zeigen in die eine, alle Nordpole in die andere Richtung; aus dem unmagnetischen Eisen wird ein kräftiger Magnet. Das Eisen dient also – vereinfacht ausgedrückt – nur zur Verstärkung des Magnetfeldes. Nimmt man die Wicklung wieder fort oder schaltet man den Strom aus, so federn die Molekularmagnete im Eisen wieder in ihre alte Richtung, sie liegen wahllos durcheinander, und das Eisen hat seinen Magnetismus wieder verloren.
Dieses Magnetisieren durch eine gleichstromdurchflossene Wicklung und das sofortige Verlorengehen des Magnetismus, wenn der Strom ausgeschaltet wird, läßt sich aber nur bei sogenanntem Weicheisen durchführen. Bei Stahl, der ja weiter nichts als gehärtetes Eisen ist, ist das anders; legt man hier eine stromdurchflossene Wicklung herum, so werden die Molekularmagnete ebenfalls ausgerichtet; schaltet man den Strom wieder aus, so verschwindet der Magnetismus aber nicht aus dem Stahl, er bleibt ein Magnet. Je härter er ist, umso besser hält er den Magnetismus.

Die Anordnung »Wicklung-Eisenkern« bezeichnet man als Elektromagnet.

... und seine Umkehrung, die Induktion

Jetzt drehen wir den Spieß herum. Statt ein Eisenstück von einem Elektromagnet anziehen zu lassen, nehmen wir eine einfache Magnetspule und nähern dieser einen Dauermagnet, bewegen den Dauermagnet daran vorbei oder ziehen sie vom Dauermagnet ab.

Die sogenannten Kraftlinien des Magneten bewegen sich durch die Drahtwicklung – sie schneiden sie – und erzeugen in ihr eine elektrische Spannung. Diese Kraftlinien des Magneten sind zwar nicht zu sehen, lassen sich aber z. B. durch Eisenfeilspäne nachweisen. Das Schneiden der Drahtwicklung durch die unsichtbaren Kraftlinien des Magneten bezeichnet man auch als Indukation, es wird eine »Spannung« in der Spulenwicklung »induziert«.

Dabei ist es gleichgültig, ob die Wicklung feststeht und sich der Magnet bewegt, oder der Magnet feststeht und die Wicklung bewegt wird, das Ergebnis bleibt das gleiche – eine Spannungserzeugung.

Wie hoch die »induzierte« Spannung ist, hängt u. a. von der Windungszahl der Spule ab, der Stärke des Magneten und der Geschwindigkeit, mit der die Spulenwindungen von den Kraftlinien des Magneten geschnitten werden.

Auf jeden Fall müssen sich magnetische Kraftlinien und Magnetspule gegeneinander bewegen; stehen sie gegeneinander still, so wird keine Spannung induziert.

Zwar haben wir zu Anfang einen Dauermagnet genommen, der gegen eine Magnetspule bewegt wurde, doch kann man die Spannung auch dann erzeugen, wenn man einen Elektromagneten gegenüber der Magnetspule bewegt. Mehr noch, man kann die Spannung in der Magnetspule sogar dadurch induzieren, daß man den Strom im Elektromagnet aus- und einschaltet oder ändert.

Das ist das ganze Geheimnis jeder Stromerzeugung in elektrischen Maschinen wie Zündmagneten und Lichtmaschinen!

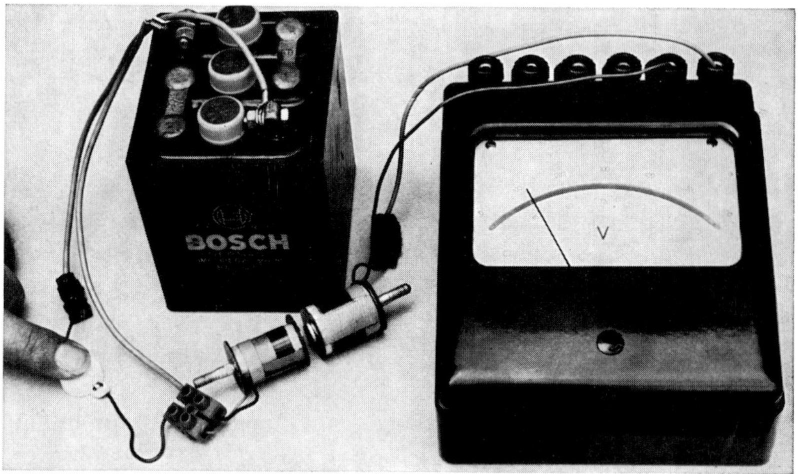

Wird der Strom in der links liegenden Magnetspule durch einen Druckknopf eingeschaltet, so durchsetzen die magnetischen Kraftlinien auch die rechts liegende Magnetspule. An diese Magnetspule ist ein Voltmeter angeschlossen. Wie man am Zeigerausschlag erkennen kann, wird in der rechts liegenden Spule eine Spannung induziert. Die beiden Magnetspulen werden nur durch die magnetischen Kraftlinien miteinander verbunden, berühren sich also nicht. (Die Induktion ergibt sich nur in dem Augenblick, in dem der Strom in der linken Magnetspule ein- oder ausgeschaltet wird, da sich nur dann die Stärke des Magnetfeldes ändert.)

Wie die Zündspannung zustande kommt

Da aus der genialen Erfindung Kunibald Hintermosers nichts geworden ist und wir weiterhin zur Erzeugung des Zündfunkens eine ziemlich hohe Spannung benötigen, müssen wir eine eigene Hochspannungsanlage im Motorrad mitführen.
Die Spannung der elektrischen Anlage im Motorrad beträgt aber nur 6 V (im günstigsten Fall 12 V), man muß diese niedrige Spannung also in die Zündspannung von 10000 und mehr Volt umformen, »transformieren«.
Diese Umformung wird in einem Hochspannungstransformator – der Zündspule – vorgenommen.

Der Transformator im allgemeinen

Sie kennen doch sicher einen Klingeltransformator und wissen auch, was er macht: an der einen Seite ist er an das Haushalts-Wechselstromnetz von 220 Volt angeschlossen, an der anderen Seite gibt er 3, 5 oder 8 Volt für die elektrische Klingel ab.
Beim Klingeltransformator sind zwei Wicklungen auf einen Eisenkern aus Blechlamellen aufgewickelt. (Der Eisenkern ist nur deshalb nicht massiv, weil man durch die voneinander isolierten Blechlamellen die Entstehung von schädlichen »Wirbelströmen« vermeidet.)
Die eine Wicklung – mit vielen Windungen dünnen Drahtes – ist mit dem Lichtnetz verbunden. Die andere Wicklung – mit wenigen Windungen dicken Drahtes – führt zur Klingel. Obwohl beide Wicklungen nicht miteinander verbunden sind, holt man aus der klingelseitigen Wicklung einen Strom heraus. Dieser merkwürdige Umstand ist auf die schon erwähnte Induktion zurückzuführen.
Im Haushaltnetz ändert der Wechselstrom hundertmal in der Sekunde seine Richtung. Jedesmal, wenn er fließt, baut er ein Magnetfeld im Eisenkern auf. Wenn der Strom wieder zu Null wird, bricht das Magnetfeld zusammen. Beim Zusammenbrechen

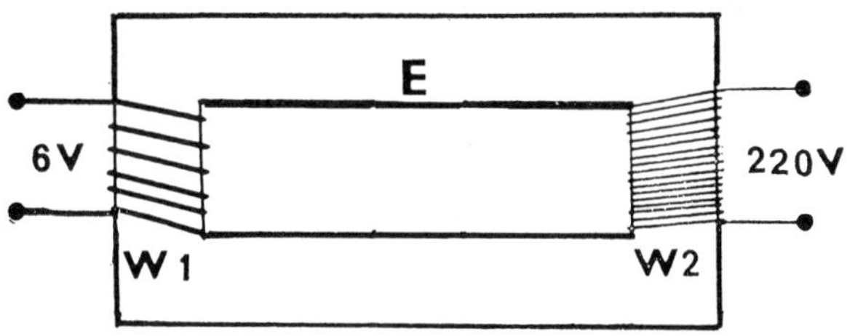

Das Transformatorschema. Sind auf einen Eisenkern E zwei Drahtwicklungen aufgebracht und wird der einen Wicklung eine Wechselspannung zugeführt, so kann der anderen Wicklung ebenfalls eine Wechselspannung entnommen werden. Dabei ist es gleichgültig, ob z. B. der Wicklung W 2 eine Spannung von 220 Volt zugeführt und der Wicklung W 1 eine Spannung von 6 Volt entnommen wird oder umgekehrt. Die Spannungen verhalten sich dabei wie die Windungszahlen. Hat die Wicklung W 1 z. B. 60 Drahtwindungen, so muß die Wicklung W 2 2200 Drahtwindungen haben.

des Magnetfeldes wird in der klingelseitigen Wicklung eine Spannung »induziert«.
Die an den beiden Wicklungen anliegenden Spannungen verhalten sich dabei wie die Windungszahlen: man spricht – genau wie bei einem Zahnradpaar – von einem Übersetzungsverhältnis. Hat die eine Wicklung z. B. 2200 Windungen und die andere 100 Windungen, so kann man, wenn man die 2200 Windungen an das Haushaltnetz von 220 Volt anschließt, an der Wicklung mit 100 Windungen eine Spannung von 10 Volt abnehmen. Die Wicklung,

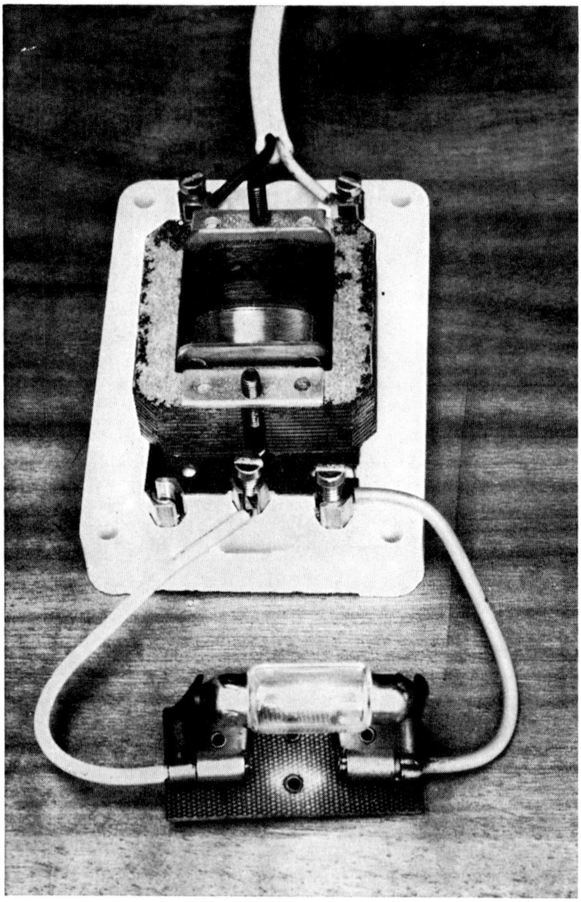

Hier wird der Primärseite eines Klingeltransformators die Netzspannung von 220 Volt zugeführt. Auf der Sekundärseite ist an den Klemmen für 5 Volt eine 6-Volt-Glühlampe angeschlossen (die — 6 V! — etwas dunkler brennt).

die an der Speisespannung anliegt, wird immer als Primärwicklung bezeichnet, die Wicklung, die die transformierte Spannung abgibt, wird als Sekundärwicklung bezeichnet.
Die Primärwicklung kann also eine höhere Windungszahl haben als die Sekundärwicklung (wie beim Klingeltrafo) oder auch eine geringere Windungszahl (wie bei der Zündspule).
Nun kann man aber bei einer Zündspule die Windungen der Sekundärwicklung für das erforderliche hohe Übersetzungsverhältnis nicht mehr unterbringen, und die Primärwicklung muß eine Mindestzahl von Wicklungen haben, damit der durch sie hindurchfließende Strom den Eisenkern genügend magnetisch erregt.

Der Beweis, daß es auch umgekehrt geht. Der Gleichstrom einer Motorradbatterie wird durch einen kleinen Zerhacker (links neben dem Klingeltransformator) zerhackt und der 5-Volt-Wicklung des Klingeltransformators zugeführt. An der 220-Volt-Wicklung des Klingeltransformators ist eine 15-Watt-Glühlampe von 220 Volt angeschlossen. Wie man sieht, brennt der Glühfaden, jedoch nicht mit voller Helligkeit, da der Klingeltransformator für eine solche Belastung doch etwas schwach ist. (Der helle Fleck im Glaskolben der Glühlampe ist eine Beleuchtungsspiegelung.)

Wenn man die hohe Sekundärspannung von 10 000 V einfach durch das entsprechende Übersetzungsverhältnis erreichen wollte, müßte die Sekundärwicklung bei einer 6-Volt-Anlage etwa

1600mal soviel Windungen haben wie die Primärwicklung, bei einer 12-V-Anlage immer noch 800mal soviel. Die Zündspule würde dadurch so groß, daß nur noch ein Teil der Sekundärwicklung von den magnetischen Kraftlinien durchflossen würde. Man wendet hier einen Kunstgriff an: Dadurch, daß man den Strom in der Primärwicklung schlagartig unterbricht, wird in der Sekundärwicklung eine wesentlich höhere Spannung induziert, als es nach dem reinen Übersetzungsverhältnis zwischen Primär- und Sekundärwicklung möglich wäre.
Bei der Batterie-Zündspule erhebt sich noch die Frage, wie das »Transformieren« überhaupt möglich ist, da man doch nur Wechselstrom und nicht Gleichstrom transformieren kann. Nun, durch das Unterbrechen des Primärstroms im Augenblick der Unterbrecheröffnung wird der Gleichstrom »zerhackt«. Zerhackter Gleichstrom läßt sich aber genauso transformieren wie der Wechselstrom des Haushaltnetzes.

Die Batteriezündspule

Sie ist entweder als Anbau-Zündspule ausgeführt und irgendwo am Rahmen befestigt, oder sie sitzt als Einbau-Zündspule im Gehäuse der Lichtmaschine, wie es früher gebräuchlich war. Obwohl sie sich im Aussehen unterscheiden, haben beide Zündspulen die gleiche Wirkungsweise. Wird der Strom in der dicken Primärwicklung unterbrochen, so wird in der dünnen Sekundärwicklung die hohe Zündspannung induziert, die über das Zündkabel der Zündkerze zugeführt wird und dort als Zündfunke überspringt.
Bei der Einbau-Zündspule liegt die dicke Primärwicklung über dem Eisenkern und die Sekundärwicklung außen. Die in der Primärwicklung entstehende Stromwärme kann so direkt an den Eisenkern abgegeben werden, wodurch die Zündspule weniger warm wird. Außerdem läßt sich das Zündkabel leichter an der außenliegenden Sekundärwicklung befestigen. Was wohl das Wichtigste ist: Die Einbau-Zündspule ist billiger als eine Anbau-Zündspule!
Bei der Anbau-Zündspule, die ein eigenes Gehäuse haben muß,

Hier ist die Primärwicklung einer Einbauzündspule mit einer Motorradbatterie verbunden. Der durch den Stromfluß entstehende Magnetismus zieht die Schale der Briefwaage an, wie man unten an der Briefwaagenskala erkennen kann, die über Null hinaus ausgeschlagen ist.

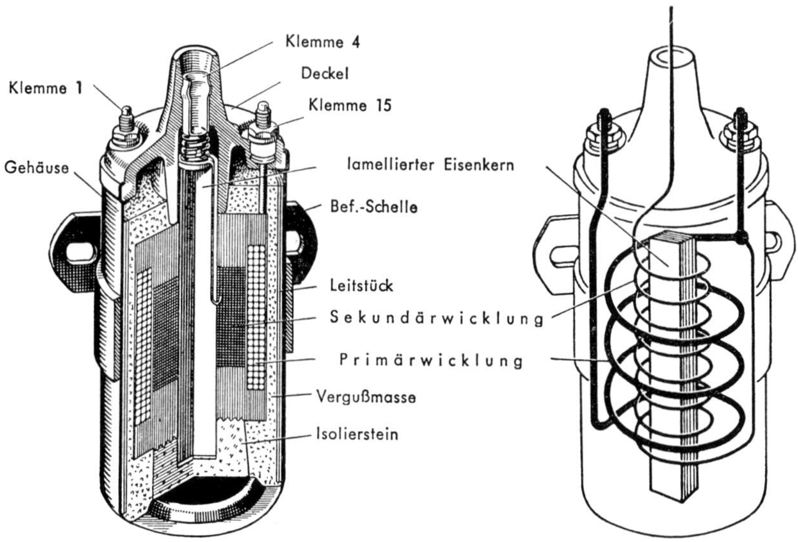

Schnitt und schematischer Aufbau einer Anbauzündspule.

liegt die Sekundärwicklung direkt über dem Eisenkern, während die Primärwicklung nach außen zum Gehäusemantel liegt. Auch in diesem Fall hat das Kühlungsgründe. Ein Unterschied in der Arbeitsweise ergibt sich nicht, und man kann eine defekte Einbau-Zündspule durch eine Anbau-Zündspule ersetzen.
Baut man sie unter dem Tank an, so liegt sie gut geschützt, und außerdem wird das Zündkabel zur Zündkerze erfreulich kurz.
Zwar kann man eine kleine Motorrad-Zündspule auch durch eine Wagen-Zündspule gleicher Spannung ersetzen, also 6 bzw. 12 Volt, doch soll man das nur in Notfällen machen. Die Wagen-Zündspulen haben nämlich einen höheren Stromverbrauch, belasten also die ohnehin meist unterernährte Motorrad-Lichtanlage mehr als nötig.
Sogenannte Hochleistungs-Zündspulen, die gelegentlich im Wagen verwendet werden, bringen bei Motorrädern nichts ein. Im Wagen müssen sie bei gleicher Motordrehzahl ja mindestens viermal soviel Zündfunken liefern wie beim Motorrad. Eine Ausnahme können mehrzylindrige Motorräder mit Verteiler sein, wie z. B. die Moto-Guzzi V 7. Hier kann eine Hochleistungs-Zündspule evtl. etwas bringen. Ehe man aber hier zum Einbau einer Hochleistungs-Zündspule übergeht, sollte man überprüfen, ob die sonstige Anlage in Ordnung ist: Verteiler, Unterbrecher, Kondensator, Zündkerzen, Zündkabel, Leitungen zur Zündspule, Zündschloßkontakte usw.
Allgemein gesagt: Anbauzündspulen haben fast das ewige Leben. Angeblich defekte Zündspulen sollte man sich gut ansehen, denn meist werden sie unnötigerweise ausgetauscht.
Sogenannte Hochspannungsdurchschläge im Isolierkopf sind meist keine solchen, sondern Kriechfunkenstrecken. Hierbei hat sich der Zündfunken im verstaubten und verschmutzten Bakelit des Isolierkopfs eine Funkenstrecke eingegraben. Dieser Kriechfunken klettert innen am Hochspannungsturm herauf, über den Rand hinweg und dann nach unten zum Gehäuse oder zu den Anschlüssen für die Niederspannungsleitungen.
Es hört sich unglaublich an, daß der Zündfunke auf diese Art eine Strecke von mehr als fünf Zentimetern überkriechen soll, es ist

aber wahr. Zuerst kriecht nur ein Teil der Zündspannung bei Feuchtigkeit über den Isolierkörper, später gräbt sich der Funke ein kleines Bett, das zunehmend verkohlt. Bei Feuchtigkeit schleicht sich hierdurch der ganze Funke zur Masse, und es kommt zu Zündaussetzern, da dieser Weg für den Funken bequemer ist als das Überschlagen der Funkenstrecke zwischen den Elektroden.

Zur »Reparatur« einer solchen Zündspule braucht man bloß die Funkenstrecke mit einem Messer oder einem Schaber so tief auszukratzen, bis man wieder auf gesundes »Fleisch« stößt. Die eingegrabene Funkenstrecke im Hochspannungskopf braucht man dabei gar nicht zu beachten, es reicht vollkommen, wenn man die Strecke auf der Außenseite des Isolierkopfs auskratzt. Eine derartig »reparierte« Zündspule wird – wenn man das

An nassen und verstaubten Anbauzündspulen sieht man oft solche Funkenstrecken, wie das linke Bild zeigt. Hier handelt es sich nicht um einen durchgeschlagenen Isolierkörper, sondern um einen Kriechfunken. Schabt man die Funkenstrecke mit einem Taschenmesser soweit aus, daß wieder gesundes »Fleisch« zum Vorschein kommt (wie rechts im Bild), so ist die Zündspule wieder »repariert«. Die Zündung setzt nicht mehr aus.

Absetzen neuen Schmutzes verhindert – älter als das ganze Motorrad!
Beim Anschluß einer Anbau-Zündspule muß man darauf achten, daß die Klemme »1« oder »D« an den Unterbrecher gelegt wird, die Klemme »15« oder »B« an das Zündschloß angeschlossen wird. Das eine Ende der Sekundär-(Hochspannungs-)Wicklung ist nämlich innerhalb der Zündspule mit der Primärwicklung verbunden und liegt so an Masse. Hierdurch erspart man sich eine zweite Klemme für die Sekundärwicklung. Da die Verbindung an Klemme »15« der Primärwicklung erfolgt, liegt die Sekundärwicklung direkt am Pluspol der Batterie und über diese an Masse. Werden die Klemmen »1« und »15« vertauscht, so ist die erreichte Zündspannung etwas geringer, was aber im allgemeinen nichts ausmacht.

Der Unterbrecher

Er ist weiter nichts als ein Schalter, der im Zündzeitpunkt vom sogenannten Unterbrechernocken geöffnet wird. Dessen Unterbrecherhebel sitzt isoliert auf seiner Achse, da an ihm bei der Batterie-Zündspule die Bordnetzspannung liegt, bei der Magnetzündung liegt er am sogenannten »heißen Ende« der Primärwicklung. (»Heiß« ist nicht im Sinn des Wortes zu verstehen, sondern soll nur den Unterschied zum sogenannten »kalten Ende« der Wicklung aufzeigen, das direkt an Masse liegt.)
Der Kontakt des Unterbrecherhebels liegt auf dem feststehenden Unterbrecherkontakt, der am Kontaktträger sitzt und einstellbar an Masse befestigt ist. Bei normalen Zündanlagen bestehen die eigentlichen Kontaktflächen der Unterbrecherkontakte aus Wolfram, um den Kontaktabbrand möglichst klein zu halten. Trotzdem ergibt sich im Betrieb eine Krater- und Höckerbildung an den Kontakten.
Das Kontaktmaterial wandert dabei vom Kontakt auf dem Unterbrecherhebel zum feststehenden Kontakt. Am feststehenden Kontakt bildet sich ein Höcker, am Unterbrecherhebelkontakt ein Krater. Diese Erscheinung ist bei der Batteriezündung stärker als bei der Magnetzündung. Ein so entstehender geringer

Links oben: Einwandfreier Unterbrecherhebel mit einwandfreiem Kontakt und Isolierschleifklotz. Links unten: Stark abgenutzter Isolierschleifklotz durch riefigen und nicht geschmierten Unterbrechernocken. Rechts oben: Einwandfreier Isolierschleifklotz. Rechts unten: Wenn der Schmierfilz des Unterbrechernockens abgebrochen ist, kann man sich evtl. durch etwas Fett helfen, das in die Ecke des Isolierschleifklotzes eingestrichen wird. Man darf des Guten aber nicht zu viel tun, und auf jeden Fall ist es besser, einen neuen Schmierfilzträger anzunieten.

Kontaktabbrand wirkt sich nicht weiter schädlich auf die Unterbrecherfunktion aus. Durch Öl- und Benzindämpfe sowie Fett (vom Schmierfilz) verstärkt sich der Abbrand. Auch ein »fauler« Kondensator führt zu stärkerem Abbrand, doch in diesem Fall hat man schon vorher Ärger mit schlechtem Anspringen und Zündaussetzern.

Früher gab's einmal die sogenannte Kontaktfeile, mit der man die Kontakte glätten konnte. Sie ist ausgesprochen überflüssig, denn erstens bekommt man die Kontakte damit doch nicht richtig glatt, und zweitens ist die Wolframauflage auf den Kontakten nur etwa 0,5 mm stark – wenn man eine starke Höckerbildung auf den Kontakten mit der Kontaktfeile beheben will, bleibt schon nichts mehr von den Kontaktflächen übrig. (Das Träger-

Ein Isolationsschaden des Kondensators kann sich wie ein teilweiser Kurzschluß auswirken. Dabei springt der Motor auch im kalten Zustand schlechter an als bei gutem Kondensator, und auch die Motorleistung bei höherer Motordrehzahl läßt stark nach. Bei warmem Motor ist das Anspringen noch mehr erschwert, da sich der Isolationsschaden bei warmem Kondensator stärker bemerkbar macht.
Ein Kondensator, der die Elektrizität nicht mehr richtig speichert, macht sich durch stärkeres Feuern der Unterbrecherkontakte bemerkbar. In allen Fällen sollte man bei Zündstörungen zuerst den Kondensator verdächtigen.
Früher konnte man einen defekten Zündkondensator provisorisch durch den Kondensator des Signalhorns ersetzen, aber das geht heute nur noch sehr selten, denn moderne Hörner haben meist keinen Kondensator mehr. (Der Kondensator im Horn hatte die Aufgabe, das Feuern der Unterbrecherkontakte im Horn zu verhindern. Da derartige Hörner aber länger hielten als einige Motorräder hintereinander, »verzichtet« man heute auf den Kondensator im Horn.)

Die Funktion der Batteriezündung

Batterie, Zündspule, Unterbrecher, Kondensator und Zündkerze sind alles, was man zur Erzeugung der Zündfunken benötigt, wenn man von den Verbindungsleitungen absieht.
Fließt bei geschlossenem Unterbrecher ein Strom durch die Primärwicklung der Zündspule, so wird in ihr ein magnetisches Feld aufgebaut. Wird der Unterbrecher geöffnet – ob von Hand oder durch den Unterbrechernocken ist gleichgültig –, so wird der Stromfluß unterbrochen. Das schlagartige Unterbrechen wird durch den Kondensator ermöglicht, der den im Unterbrechungszeitpunkt nachfließenden Strom aufspeichert. In der Sekundärwicklung der Zündspule wird nun die hohe Zündspannung induziert, die an den Kerzenelektroden überschlägt und über Masse zur Batterie gelangt. In der Batterie fließt sie vom Minuspol zum Pluspol und von dort wieder zur Klemme 15 der Zündspule – der Stromkreis ist geschlossen.

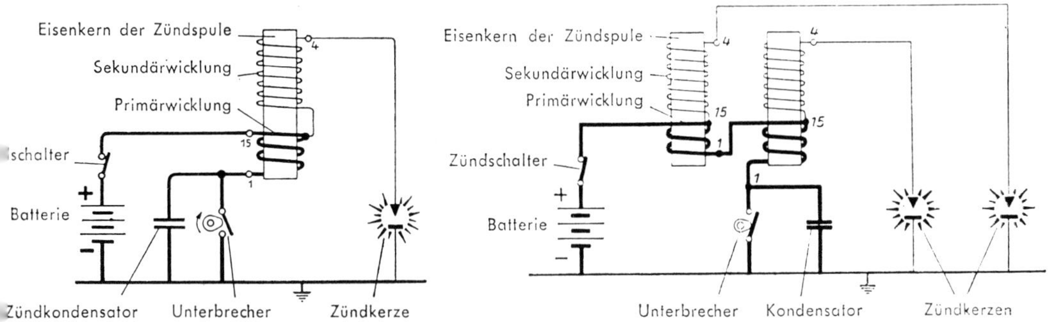

Links: Das Zündschema eines Einzylindermotors mit Batteriezündung. Rechts: Das Schaltschema für einen Zweizylinder-Viertaktmotor mit Batteriezündung. Die beiden Zündspulen sind hier hintereinandergeschaltet. Die Zündfunken an den Kerzen springen also gleichzeitig über.

Mehr spielt sich nicht ab! Das Schaltbild zeigt die Funktion. (Wer keine Schaltbilder lesen kann und nichts von den Schaltzeichen versteht, der muß deren Bedeutung im Kapitel V nachlesen.)

Der Zündzeitpunkt

Man könnte der Ansicht sein, daß der Zündfunke genau im oberen Totpunkt überspringen muß, um das verdichtete Kraftstoff/Luft-Gemisch zu entzünden. Die Entflammung dieses Gemisches geht aber nicht zeitlos vor sich, so daß der Zündfunke an den Kerzenelektroden schon vor dem OT – dem oberen Totpunkt – überspringen muß: man braucht eine gewisse »Vorzündung«.

Wenn der Zündfunke an den Elektroden der Zündkerze überspringt, so wird zuerst das in der Nähe der Elektroden befindliche Kraftstoff/Luft-Gemisch entzündet. Bis die sogenannte »Flammenfront« an die Stelle des Verbrennungsraumes vorgedrungen ist, die am weitesten von der Kerze entfernt ist, vergeht eine gewisse – wenn auch nur sehr kurze – Zeit.

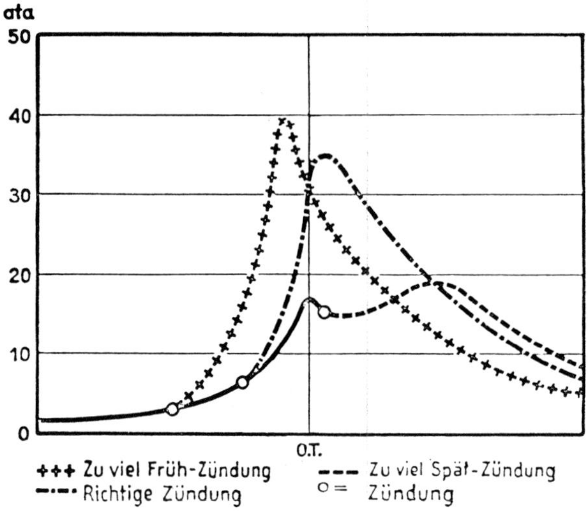

Damit das Kraftstoff/Luft-Gemisch ganz kurz nach dem OT den höchsten Verbrennungsdruck erreicht, muß die Zündung schon vor dem OT erfolgen.

Wie lange es dauert, bis das gesamte im Zylinder befindliche Kraftstoff/Luft-Gemisch entzündet ist und den höchsten Druck erreicht hat, der den Kolben nach unten treibt, hängt unter anderem von der Ausbildung des Zylinderkopfs (des Brennraums), der Motordrehzahl und der Zusammensetzung des Kraftstoff/Luft-Gemisches ab. Soll der Motor seine volle Leistung abgeben, so ist es natürlich sehr wichtig, daß der Zündfunke im richtigen Zeitpunkt an den Elektroden der Zündkerze überspringt.

Wie wir wissen, entsteht der Zündfunke in dem Augenblick, in dem sich die Unterbrecherkontakte der Zündanlage trennen und damit den Stromfluß in der Primärwicklung der Zündspule »unterbrechen«. In der Sekundär-Wicklung der Zündspule entsteht dabei der hochgespannte Stromstoß, der an den Zündkerzen-Elektroden als Zündfunke überspringt. Das Öffnen der Unterbrecherkontakte muß in einem bestimmten – für jeden Motor speziell ermittelten – Zeitpunkt erfolgen. In dem Augenblick, da sich die Unterbrecherkontakte öffnen, hat der Kolben seinen oberen Totpunkt noch nicht ganz erreicht.

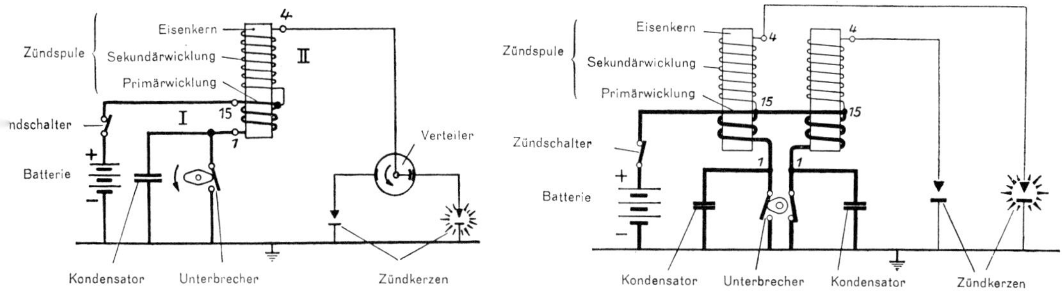

Links: Schaltschema einer Batteriezündung mit Verteiler. Eine solche Anlage ist z. B. bei V-Motoren erforderlich, bei denen die beiden Zündkerzen nicht gleichzeitig arbeiten dürfen. Rechts: Bei einem Zweizylinder-Zweitakter sind die Zündspulen parallel geschaltet. Ein Unterbrechernocken öffnet abwechselnd die Unterbrecher für die beiden Zündspulen. Beim Zweizylinder-Zweitakter befindet sich ja stets ein Kolben im oberen Totpunkt und einer im unteren. Die Zündkerzen dürfen auch hier nicht gleichzeitig arbeiten.

Der obere Totpunkt

Der Begriff ist wohl selbstverständlich: hier steht der Kolben in seiner obersten Stellung. (Da es auch Motoren mit liegenden Zylindern gibt, und der »obere« Totpunkt mißverstanden werden könnte: Im oberen Totpunkt ist der Kolben am weitesten von der Kurbelwelle entfernt und kann sich dem Zylinderkopf nicht mehr weiter nähern.)
Dreht man die Kurbelwelle in dieser Kolbenstellung nach rechts oder links, so wird sich der Kolben aus dem OT entfernen und nach unten bewegen. Bewegungen an der Kurbelwelle von 5° bis 10° sind am Kolben kaum zu bemerken und lassen sich höchstens mit einer Meßuhr feststellen; keinesfalls mit einem Streichholz, das man in die Kerzenbohrung hineingesteckt hat.
Selbst wenn der Kolben so nahe am oberen Totpunkt steht, daß man keine Höhenänderung mehr bemerkt, liegen Kurbelzapfen und Pleuelstange noch nicht in einer Linie, sondern weisen eine Winkelstellung zueinander und zum Motorgehäuse auf; man kann den Zündzeitpunkt deshalb in Graden vor OT angeben.

Da die Vor- oder Frühzündungswerte bei früheren Motoren größer waren als heute (was darauf zurückzuführen ist, daß die Verbrennungsräume der Zylinderköpfe noch nicht so gut ausgebildet waren wie heute, das Kraftstoff/Luft-Gemisch noch nicht so homogen war und träger verbrannte), kam es selten auf eine Einstellgenauigkeit von Zehntelmillimetern an, und das Tiefenmaß einer Schublehre reichte vollkommen aus, wenn man es senkrecht auf den Kolbenboden aufsetzen konnte.
Bei den geringen Vorzündungswerten, die die heutigen Motoren haben, muß man bei der Einstellung nach Millimetern vor OT allerdings genauere Meßmethoden anwenden. Hier wird entweder eine normale Meßuhr mit der Tastspitze auf den Kolbenboden aufgesetzt oder ein sogenannter Zündzeitpunktmesser in die Kerzenbohrung eingeschraubt, bei dem sich der Taststift sogar entsprechend dem Winkel, den die Zündkerzenbohrung zur Kolbenachse hat, einstellen läßt. Das Ablesen des Vorzündungsmaßes in Millimetern vor OT kann hier in Bruchteilen von Millimetern erfolgen.
Nun wird das Vorzündungsmaß heute vielfach nicht in Millimetern vor OT angegeben, sondern in Graden vor OT. Welchen Grund hat das? Je geringer der Vorzündungswert ist, desto ungenauer wird die Einstellung des Zündzeitpunktes nach Millimetern vor OT, während die Einstellung nach Graden gleichbleibend genau ist.
Wenn das Maß der Vorzündung werksseitig in Millimetern vor OT angegeben wird, so ist meist schon eine Toleranz vorgesehen, und es heißt z. B.: Vorzündung 1,8 bis 2 mm vor OT.
Sofern man einen Meßstift senkrecht auf den Kolbenboden aufsetzen kann, kann man die Zündung hinreichend genau einstellen, aber das ist nicht immer der Fall.
Zur genauen Umrechnung von mm vor OT in Grad vor OT muß man die genaue Pleuellänge kennen. Es ergeben sich aber kleinere Einstellfehler, wenn der OT und der Zündzeitpunkt durch Marken am Schwungrad angezeigt werden.
Ist ein solches Schwungrad nicht vorhanden, so muß man eine Gradscheibe verwenden.
Derartige Gradscheiben gibt es zwar zu kaufen, aber die Suche

danach ist meist sehr zeitraubend, so daß wir eine solche ganz hinten im Buch abgedruckt haben. Man klebt sie auf Karton auf, bringt die Mittelbohrung an und schraubt sie auf der Kurbelwelle fest.

So wird eine Gradscheibe auf die Kurbelwelle aufgesetzt. Hier dient ein am Zylinderfuß befestigter Gradzeiger zur Ermittlung der richtigen Gradstellung.

Irgendwo am Gehäuse befestigt man einen Zeiger aus Draht oder Blech, der die Gradzahl anzeigt.

Nachdem man die Zündkerze herausgeschraubt hat, steckt man einen Bleistift oder Kugelschreiber in die Kerzenbohrung und dreht die Kurbelwelle ganz vorsichtig so weit, daß der Kolben sanft daran anstößt. (Zwar könnte man auch einen Metallstift als Anschlag verwenden, doch wenn man etwas hart mit dem Kolben an den in den Zylinder hineinragenden Metallstift anstößt, zerdrückt dieser die vorderen und hinteren Gewindegänge des Zündkerzengewindes – also lieber nicht.)

Die Gradzahl, die auf der Gradscheibe angezeigt wird, notiert man sich. Jetzt dreht man die Kurbelwelle in entgegengesetzter

Richtung, bis der Kolben wiederum an den Bleistift oder den Kugelschreiber anstößt. Auch diese Gradzahl notiert man sich. Genau in der Mitte zwischen diesen beiden Gradstellungen liegt der OT auf dem Teil der Gradscheibe, der sich *nicht* unter dem Zeiger bewegt hat. Es ist wohl selbstverständlich, daß sich der Bleistift oder der Kugelschreiber während der beiden Anschlagpunkte nicht vom Platz bewegen darf, damit nicht zwei unterschiedliche Kolbenstellungen vor OT ermittelt werden.

Liegt die Kerze in Zylinderkopfmitte, so daß sich kein Bleistift oder Kugelschreiber festklemmen kann, so nimmt man eine alte Zündkerze, entfernt den Isolator mit der Mittelelektrode und befestigt eine Schraube darin, die den Kolben etwa 20 mm vor OT anhalten kann.

Man kann auch einen Holzspan in einer Zündkerze festkeilen und so die »Kolbenbremse« herstellen, doch wenn der Holzspan sich löst und in den Zylinder fällt, dann beschweren Sie sich nicht bei uns!

Wenn das Maß der Vorzündung in Graden vor OT angegeben ist, so macht die Festlegung der Kurbelwellenstellung keine Schwierigkeiten. Von der Gradzahl für den OT wird die Vorzündungs-Gradzahl abgezogen. Z. B. für den OT werden 82° angezeigt, die Vorzündung beträgt 5° vor OT. Bei nach links drehender Gradscheibe wird die Lichtmaschine zuerst etwa eine Achtelumdrehung nach rechts gedreht und anschließend wieder nach links auf die 77°-Stellung. Natürlich darf man zur Einstellung der Kurbelwelle nie an der Gradscheibe drehen, bestenfalls – wenn sie gut festgezogen ist – an der Befestigungsschraube derselben.

Umrechnung von Millimetern in Grad

Ganz anders ist die Sache, wenn der Zündzeitpunkt in Millimetern vor OT angegeben wird. Nehmen wir an, ein Motor habe einen Hub von 60 mm – und stellen wir uns ganz dumm.

Bei einer Kurbelwellenumdrehung von 360° bewegt sich der Kolben um 60 mm vom OT nach unten und um 60 mm vom UT

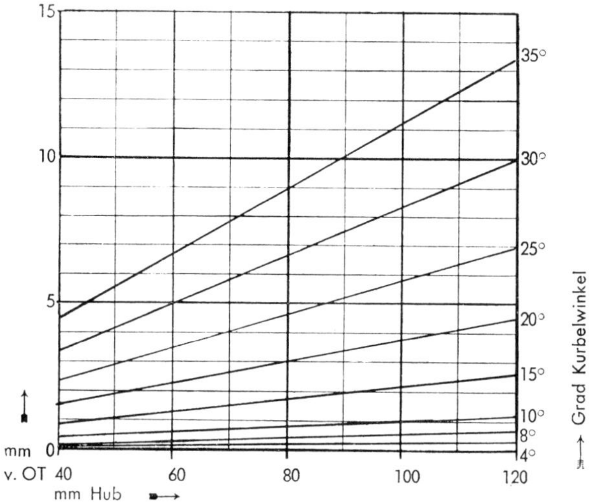

Umrechnungsdiagramm für Millimeter Hub in Grad Kurbelwinkel.

nach oben, der Gesamtweg des Kolbens ist bei einer Kurbelwellenumdrehung also 120 mm. Als einfaches Gemüt könnte man nun rechnen: $360^0 : 120 = 3$.

1 mm Kolbenweg müßte demnach 3^0 entsprechen und für eine Frühzündung von 2 mm vor OT käme man auf 6^0.

Leider ist das nicht so einfach zu rechnen, denn die Umrechnung von Grad Kurbelwinkel in Millimeter Kolbenweg erfolgt nach einer recht umständlichen Formel. (Für diejenigen, die es genau wissen möchten:

$$a = r\left(1 + \frac{l}{r} - \cos\varphi - \sqrt{\left(\frac{l}{r}\right)^2 - \sin^2\varphi}\right)$$

Darin bedeuten: a = Kolbenweg bis zum oberen Totpunkt, r = halber Hub, l = Pleuellänge, φ = Kurbelwinkel. Das ist die Formel für die Errechnung des Kolbenwegs aus bekanntem Kurbelwinkel. Da man bei der Zündeinstellung aber von Millimeter Kolbenweg auf Grad Kurbelwinkel kommen möchte, muß man die Formel umformen, was einen Rattenschwanz ergibt.)

Kein normaler Mensch wird daraus (bei bekanntem Vorzündungsmaß in Millimetern) den Vorzündungs-Kurbelwinkel in

Graden berechnen. Ich habe Ihnen diese Arbeit abgenommen und ein Umrechnungsdiagramm aufgestellt.
Um den Kurbelwinkel für ein bestimmtes Vorzündungsmaß in mm vor OT zu erhalten, geht man vom Hub (auf der unteren Linie aufgetragen) bis zur waagrechten Millimeter-Linie nach oben. Wird diese Linie direkt von einer der schrägen Linien geschnitten, so erhält man sofort den Vorzündungswert in Grad Kurbelwinkel.
Beispiel: Hub = 80 mm, Vorzündung = 3 mm, entspricht einem Kurbelwinkel von 20°.
Gegebenenfalls muß man ein Zwischenmaß ermitteln.
Beispiel: Hub = 50 mm, Vorzündung = 1,5 mm. Die Kurbelwinkellinie für 20° liegt etwas näher am Schnittpunkt 50 mm Hub 1,5 mm Vorzündung als die Kurbelwinkellinie von 15° (noch genauere Rechnung lohnt sich nicht).

Winkelabtragung auf einer Schwungscheibe

Bei Motoren mit Schwungradzündern oder außenliegenden Schwungscheiben sind der OT und der Zündzeitpunkt meist markiert. Wenn das einmal nicht der Fall ist oder man eine Marke für einen anderen Winkel auftragen möchte, so muß man eine kleine Rechnung vornehmen.
Zuerst ermittelt man mit einem Bandmaß den Umfang U der Schwungscheibe in mm. U : 360° = mm/Grad.
Beispiel: Der Umfang einer Schwungscheibe beträgt 470 mm. Dann entspricht 1 Grad = 470 : 360 = 1,3 mm. Für ein Winkelmaß von 25° muß man also 25 · 1,3 mm = 32,5 mm auf dem Schwungscheiben-Umfang abtragen.
Denken Sie aber an die Drehrichtung des Motors! Dreht er sich, auf die Schwungscheibe gesehen, nach links, so muß eine Vorzündungs-Markierung links vor der OT-Marke angebracht werden, bei Drehrichtung nach rechts, rechts vor der OT-Marke.

Der Unterbrecher-Kontaktabhub

Das Einstellen muß vor der Ermittlung des Zündzeitpunktes erfolgen, da sich schon eine geringe Änderung des Kontaktabhubs oder Kontaktabstands stark auf die Zündeinstellung auswirkt.

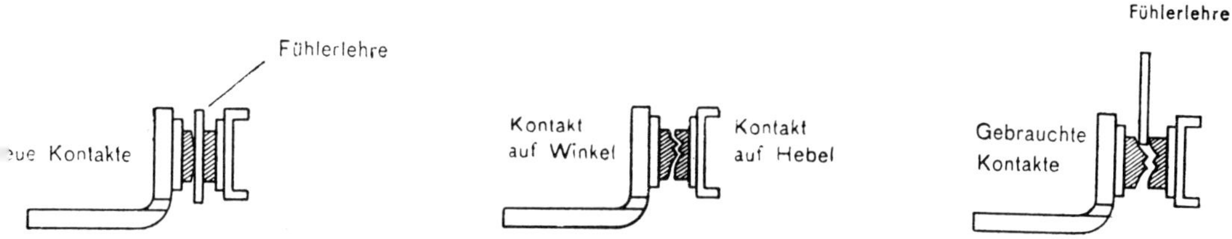

Links: Eine Fühlerlehre darf man nur dann ganz zwischen die Unterbrecherkontakte schieben, wenn die Kontakte neu sind. Mitte: Im Betrieb ergibt sich auf dem festen Kontakt ein Höcker, am Kontakt des Unterbrecherhebels ein Krater. Rechts: In diesem Fall darf man die Fühlerlehre nur am Rand ansetzen, da man andernfalls einen zu großen Unterbrecher-Kontaktabstand einstellt.

Normalerweise beträgt der Abstand etwa 0,3 bis 0,4 mm. Mit einer Fühlerlehre läßt er sich zwar einstellen, aber dazu darf man bei gebrauchten Kontakten nur am Rand der Kontaktflächen messen, denn die Krater- und Höckerbildung an den Kontakten verfälscht sonst das Meßergebnis.
(Bei Wagenmotoren stellt man statt des Kontaktabhubs den sogenannten Schließwinkel ein, denn dieser ist direkt vom Kontaktabhub abhängig. Die Schließwinkelmessung – ein neumodischer Begriff – hat ihre Berechtigung allerdings nur bei mehrzylindrigen Wagenmotoren, denn hier steht für den Stromfluß in der Primärwicklung nur eine geringere Zeit zur Verfügung, da der Unterbrecher bei einer Verteilerwellenumdrehung meist mindestens viermal öffnen muß. Bei ein- und zweizylindrigen Motorradmotoren reicht der Stromfluß in der Primärwicklung auch bei hochdrehenden Motoren noch zur Sättigung aus. Abgesehen davon wird der Schließwinkel für Motorradzündungen nur selten angegeben. Er läßt sich mit einem Schließwinkelmeßgerät nur bei drehendem Motor ermitteln.)

Zur Einstellung des Kontaktabhubs wird der Träger des feststehenden Kontaktes geschwenkt. Man verdreht zuerst die Kurbelwelle so, daß der Schleifklotz des Unterbrecherhebels auf der höchsten Stelle des Nockens steht. Jetzt wird die Schraube am Träger des feststehenden Kontakts gelöst. Der Träger läßt sich nunmehr durch eine Exzenterschraube oder einen zwischen zwei Zapfen oder Aussparungen geklemmten Schraubenzieher schwenken. Mit der Fühlerlehre mißt man am Rand der Unterbrecherkontakte den korrekten Abstand. Anschließend Befestigungsschraube des festen Kontakts wieder anziehen (Bild S. 66).

Zündzeitpunkt bei Batteriezündung

Wie schon gesagt, springt der Zündfunke an der Kerze in dem Augenblick über, in dem der Stromfluß durch die Primärwicklung

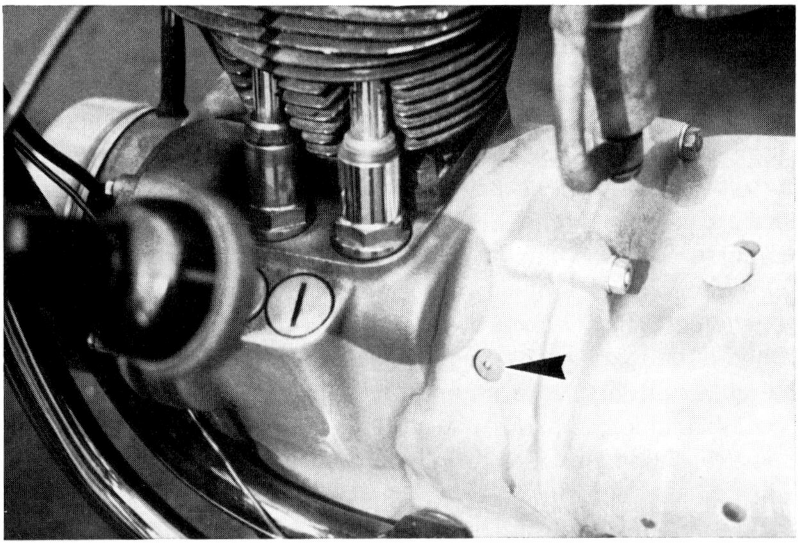

Sofern die Schwungscheibe eine Markierung trägt (Pfeil), kann man den richtigen Zündzeitpunkt mit einer Stroboskoplampe kontrollieren. Bei korrektem Zündzeitpunkt muß sich die bei laufendem Motor scheinbar stillstehende Markierung des Schwungrades mit einer Gehäusemarkierung decken. Diese Art der Zündzeitpunktkontrolle mit einem Blitzlichtstroboskop ist heute schon bei vielen Motorradzündungen gebräuchlich.

der Zündspule unterbrochen wird, also dann, wenn sich die Unterbrecherkontakte öffnen.
Bei der Batteriezündung ist der genaue Moment der Unterbrecheröffnung auf einfachste Weise zu ermitteln.
Legt man eine Prüflampe mit einem Pol an die Klemme 1 der Zündspule und mit dem anderen an Masse, so liegt sie parallel zu den Unterbrecherkontakten. Solange diese bei eingeschalteter Zündung geschlossen sind, fließt der Strom von der Batterie durch die Primärwicklung der Zündspule über die geschlossenen Unterbrecherkontakte zur Masse. Die Prüflampe bleibt dunkel.
In dem Augenblick, in dem sich die Unterbrecherkontakte öffnen, kann der Strom nicht mehr über sie zur Masse fließen, sondern muß seinen Weg über die Prüflampe nehmen.
Im Augenblick der Unterbrecheröffnung leuchtet die Prüflampe auf! Jetzt braucht man nur noch dafür zu sorgen, daß sich der Kolben im Augenblick der Unterbrecheröffnung genau im Zündzeitpunkt befindet.
Dazu wird zuerst der Kolben mit der Gradscheibe oder dem Schwungrad so eingestellt, daß er genau im Zündzeitpunkt steht. Hierzu wird die Kurbelwelle langsam in Drehrichtung verdreht, bis die ermittelte Gradzahl der Gradscheibe oder die Schwungradmarkierung genau mit der Markierung am Motorgehäuse oder dem angebrachten Zeiger übereinstimmt. Hat man zu hastig gedreht und ist man über die Markierung hinausgekommen, so dreht man die Kurbelwelle zuerst um etwa $^1/_8$ Umdrehung zurück und dann erst wieder in Drehrichtung!
Die Befestigungsschrauben des Unterbrecherträgers – also entweder der Lichtmaschinengrundplatte oder des Verteilers – werden gelockert, so daß sich der Unterbrecherträger von Hand verdrehen läßt. Der Unterbrecherträger wird nun *in* Motordrehrichtung verdreht. Handelt es sich um die Lichtmaschinen- oder Unterbrechergrundplatte, so ergibt sich der Anschlag durch die Langlöcher der Platte, einen Verteiler dreht man $^1/_8$ Umdrehung in Drehrichtung des Verteilerfingers.
Jetzt legt man die Prüflampe entweder an Klemme 1 der Zündspule oder bei Einbauzündspulen an den Anschluß, der mit dem Unterbrecher verbunden ist, und schaltet die Zündung ein.

Dreht man nun die Unterbrechergrundplatte entgegen der Motordrehrichtung oder der Drehrichtung der Verteilerwelle, so hat in dem Augenblick, in dem die Prüflampe aufleuchtet, die Unterbrecheröffnung begonnen.
Die Befestigungschrauben der Unterbrechergrundplatte oder des Verteilers werden jetzt angezogen. Anschließend dreht man die Kurbelwelle noch einmal um 360° – im letzten Bereich sehr langsam –, um die Einstellung nachzukontrollieren. Die Prüflampe muß genau in dem Augenblick aufleuchten, in dem die Gehäusemarkierung auf die Marke der Schwungscheibe oder die richtige Gradzahl der Gradscheibe zeigt.

Zündzeitpunkt bei Zweizylindermotoren

Bei Zweizylinder-Motorradmotoren gibt es mehrere Möglichkeiten. Handelt es sich um einen Viertakt-Twin oder -Boxer mit Batteriezündung, so hat dieser üblicherweise zwei Zündspulen, die hintereinander geschaltet sind. Da die beiden Kolben gleichzeitig im OT stehen, befindet sich der eine im Zündzeitpunkt, der andere im sogenannten Überschneidungspunkt. Der Zündfunke an der einen Kerze entzündet das Kraftstoff/Luft-Gemisch, der Funke an der anderen Kerze »schlägt ins Leere«.
Der Strom in beiden Zündspulen wird also durch einen einzigen Unterbrecher gesteuert, und es entstehen zwei Zündfunken gleichzeitig.
In diesem Fall braucht natürlich auch nur ein Unterbrecher eingestellt zu werden.
Das gleiche trifft bei V-Motoren mit Verteiler zu (Moto-Guzzi V 7), auch hier braucht nur ein Unterbrecher eingestellt zu werden.
Bei Zweizylinder-Zweitaktmotoren oder Viertaktern mit gegenläufigen Kolben (z. B. Honda) arbeiten die Kolben um 180° versetzt, und es ist nach jeweils 180° eine Zündung erforderlich. Auch hier sind zwei Zündspulen erforderlich, doch hat jede Zündspule ihren eigenen Unterbrecher. Da nur der Zündzeitpunkt des einen Unterbrechers durch Verdrehen der Lichtmaschinengrundplatte eingestellt werden kann, ist der andere Unterbrecher auf eine gesondert einstellbare Unterbrechergrundplatte aufgesetzt. Hier wird zuerst

der Zündzeitpunkt des Zylinders eingestellt, der durch den fest an der Lichtmaschinengrundplatte sitzenden Unterbrecher gesteuert wird. Anschließend wird die Kurbelwelle um 180° gedreht, und der jetzt »zuständige« Unterbrecher wird am schwenkbaren Unterbrecherträger eingestellt.
Das Besagte gilt übrigens auch für Viertakt-Twins mit um 180° versetzten Kurbelkröpfungen!

Die Fliehkraft-Zündverstellung

Bei Viertaktmotoren findet man fast immer eine Fliehkraft-Zündverstellung. Da das Kraftstoff/Luft-Gemisch, wie schon gesagt, eine gewisse Zeit zur vollen Entflammung braucht, wird es *vor* dem oberen Totpunkt entzündet. Nun ist die zur Verfügung stehende Zeit bei niedriger Motordrehzahl wesentlich länger als bei hoher Motordrehzahl, so daß die Vorzündung, die man bei stehendem Motor für die niedrige Motordrehzahl eingestellt hat, im oberen Drehzahlbereich zu gering ist. Hier verstellt man die Zündung automatisch in Richtung »früh«, damit das Kraftstoff-Luft-Gemisch vollständig durchbrennen kann.
Diese »Automatik« wird durch die Fliehkraft-Zündverstellung bewirkt. Der Unterbrechernocken sitzt hierbei nicht mehr fest am Anker oder in der Schwungscheibennabe, sondern ist über einen gewissen Bereich drehbar. An ihm greifen über Mitnehmerstifte die Fliehgewichte an, die bei zunehmender Motordrehzahl nach außen geschleudert werden und dabei den Nocken *entgegen* der Motordrehrichtung verdrehen. Bei absinkender Motordrehzahl werden die Fliehgewichte durch Federn wieder nach innen gezogen – der Nocken wird *in* Motordrehrichtung verdreht und die Zündung in Richtung »spät« verstellt.
Diese Federn dürfen nicht durch andere, gleichartig aussehende Federn ersetzt werden, denn von ihnen ist die wichtige »Verstellkurve« abhängig.
Die Lagerung der Fliehgewichte auf den Gelenkbolzen ist ebenso schmierungsbedürftig wie die Nockenlagerung selbst. Normales Fett oder Öl taugt hier nichts, man verwendet am besten Molybdänfett, das dünn aufgerieben wird.

Vielfach wird bei Maschinen mit Fliehkraftverstellung die Zündeinstellung bei voll ausgeworfenen Fliehgewichten – also bei voller Vorzündung – vorgeschrieben. Hierbei muß man die Fliehgewichte von Hand spreizen, so daß der Nocken in die Endstellung »früh« kommt.
Ob die Zündverstellung einwandfrei arbeitet, kann man bei laufendem Motor nur mit dem Stroboskop (auch als »Zündlichtpistole« bezeichnet) feststellen. An der Schwungscheibe muß hierzu eine Vorzündungsmarkierung angebracht sein, die bei laufendem Motor synchron zum Zündzeitpunkt angeblitzt wird. Diese Markierung scheint dann trotz drehender Schwungscheibe stillzustehen. Solch eine Zündlichtpistole hat heute jede bessere Autowerkstatt, und auf jeden Fall ist sie in Auto-Elektrowerkstätten zu finden. Zur Kontrolle des richtigen Vorzündzeitpunkts fährt man also mal zu einer solchen. Der Selbstbau einer Zündlichtpistole ist zwar möglich, aber wenn man diesen beherrscht, dann braucht man wohl keine Anweisung zur Zündeinstellung mehr.
Und warum haben Zweitaktmotoren nur selten eine automatische Zündverstellung?
Nun, hier wird die maximale Frühzündung eingestellt, die für hohe Drehzahl gilt. Bei niedriger Motordrehzahl ist der Anteil an unverbranntem Restgas so groß, daß das Kraftstoff/Luft-Gemisch nur träge verbrennt, die maximale Frühzündung also auch hier gültig ist.

Der Unterbrecher-Schmierfilz

Bei fast allen Zündanlagen sitzt auf der Ankergrundplatte ein Schmierfilz, der über den Unterbrechernocken streicht. Dieser Schmierfilz wird nicht mit Öl getränkt, sondern entweder mit Molybdänfett oder hitzefestem Fett dünn eingestrichen. Überschüssiges, fortgeschleudertes Fett könnte zwischen die Unterbrecherkontakte gelangen und deren Funktion behindern.

Die Magnetzündung

Vorweg gesagt: Bei einer Magnetzündung handelt es sich um eine Zündanlage, bei der der Motor ohne Batterie angetreten werden kann.
(»Ohne Batterie betrieben werden kann« ist als Kennzeichnung nicht ausreichend, denn ein Motorrad mit Batteriezündung, bei dem die Batterie defekt oder nicht vorhanden ist, kann man ja meist anschieben.)

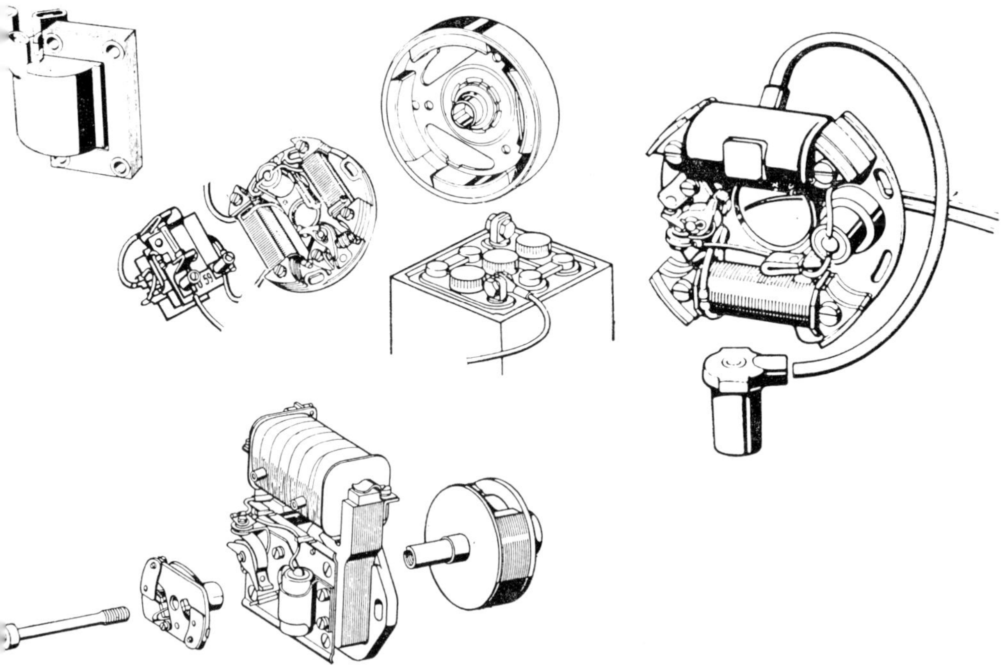

Links oben: Ein Schwunglichtmagnetzünder mit getrennter Zündspule. Diese wird durch den Generator-Anker der Grundplatte mit Strom versorgt. Links neben der Ankergrundplatte ein Gleichrichter, der die Batterieladung übernimmt. Links unten: Standmagnetzünder, wie er u. a. bei den früheren BMW-Modellen (R 50 und R 60 usw.) gebräuchlich war. Von links nach rechts: Befestigungsschraube für Fliehkraftversteller und Magnetläufer, Fliehkraftversteller, Wicklungsträger mit Polschuhen, Unterbrecher und Kondensator, Magnetläufer. Rechts die Ankergrundplatte eines Schwunglichtzünders mit kunststoffisolierter Zündspule. Das Magnetpolrad ist hier nicht dargestellt.

Als Magnetzündung sind folgende Anlagen anzusehen:

1. Der sogenannte Schwunglichtzünder, bei dem ein Zündanker innerhalb der Schwungscheibe (die die Dauermagnete trägt) angeordnet ist.
2. Der Schwunglichtzünder, bei dem innerhalb der Schwungscheibe ein sogenannter Generatoranker für eine außenliegende Zündspule eingebaut ist.
3. Die sogenannte MHKZ (Magnet-Hochspannungs-Kondensator-Zündung), bei der die Zündenergie in einem Kondensator gespeichert wird.
4. Die MTZ (Magnet-Transistor-Zündung).
5. Der Standmagnetzünder, der ausschließlich den Zündstrom liefert, wie er u. a. bis zum Einsetzen der neuen Modelle bei den BMW-Boxermotoren zu finden war.

Bei den beiden ersten Typen kreist eine auf der Kurbelwelle befestigte Magnetschwungscheibe um den Zünd- bzw. Generatoranker, während sich beim Standmagnetzünder der Magnetläufer innerhalb der Ankerpolschuhe dreht.

In allen drei Fällen steht die Wicklung still, während sich der Magnet an ihr vorbeibewegt – die Kraftlinien des Magneten schneiden die Wicklungen und induzieren in ihnen die Primärspannung. Je nach Ausführung sind zwei, vier oder sechs Magnetpole an der Induktion beteiligt. Hiervon sind jeweils die Hälfte Südpole, die andere Hälfte Nordpole, so daß sich ein, zwei oder drei Magnetsysteme ergeben.

Während der Strom für die Zündspule bei der Batteriezündung der Batterie entnommen (bzw. als Gleichstrom direkt von der Gleichstrom-Lichtmaschine geliefert) wird, erfolgt die Erzeugung der Zündspannung bei der Magnetzündung unabhängig von einem Gleichstrom. Da gibt es obige Möglichkeiten.

Schwunglichtzünder

Die einfachste ist der Schwunglichtzünder. Bei ihm kreist ein Magnet-Schwungrad um einen sogenannten Zündanker, bei dem auf einem Eisenkern eine dicke Primärwicklung und eine dünne Sekundärwicklung angeordnet sind.

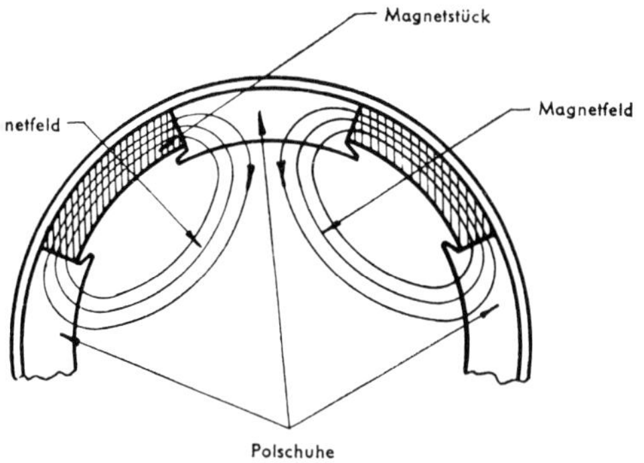

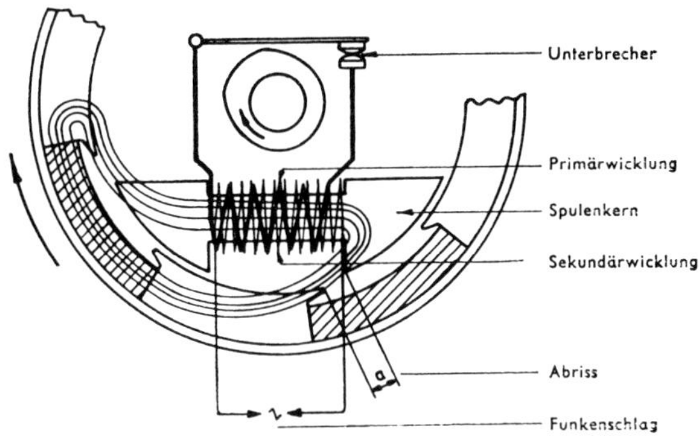

Links der Kraftlinienverlauf der Magnete in einem Polrad. Rechts: In der sogenannten Abrißstellung haben die Magnete der Schwungscheibe die Zündankerpolschuhe schon verlassen, und das Magnetfeld ist verzerrt. Wenn jetzt der Unterbrecher geöffnet wird, springt der Magnetfluß um, und es wird eine hohe Zündspannung erreicht.

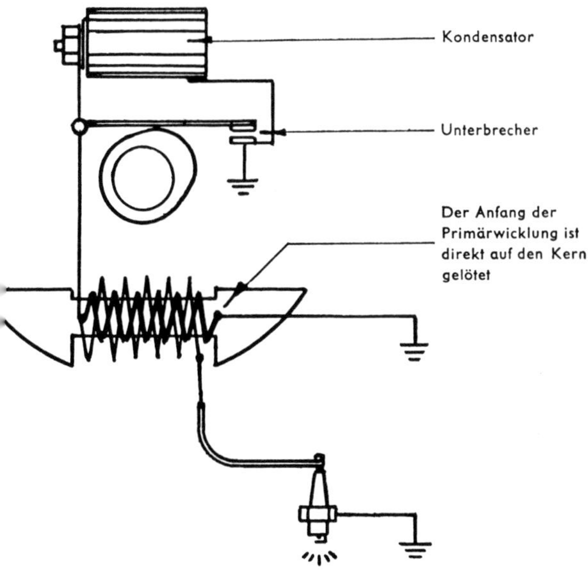

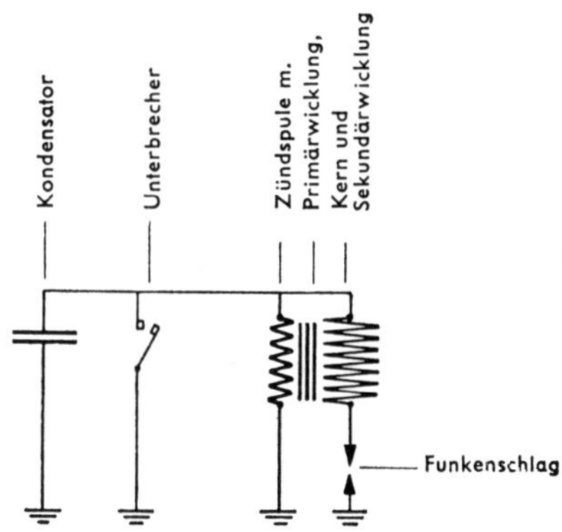

Links: Schematischer Aufbau eines Schwunglichtmagnetzünders. Rechts: Das dazugehörige Prinzipschaltbild.

Der kreisende Magnet induziert in der Primärwicklung einen Wechselstrom. Im Zündzeitpunkt wird dieser durch den Unterbrecher unterbrochen, und in der Sekundärwicklung wird in diesem Augenblick die Hochspannung induziert, die an der Zündkerze als Funken überschlägt.

Ein Zündanker ist also nichts anderes als eine Zündspule, in deren Primärwicklung der Primärstrom direkt erzeugt wird. Noch einfacher geht es nicht!

(Ein Wort zum »Anker«: In der christlichen Seefahrt dient der Anker zum Festlegen eines Schiffes, ist also etwas Ruhendes. In der Elektrik kann der Anker entweder feststehend sein – z. B. Zünd- oder Lichtanker beim Schwunglichtzünder – oder er bewegt sich, wie z. B. bei der Lichtmaschine, dem Anlasser oder beim Signalhorn. Eine einheitliche »Anker«-Definition gibt es also nicht.)

Schwunglichtzünder mit Zündspule

Bei dieser Anlage trägt der Anker innerhalb des Schwungrades nur die dicke Primärwicklung, man bezeichnet ihn als Generatoranker. Der in ihm induzierte Strom wird der Primärwicklung einer am Fahrzeugrahmen befestigten, speziell hierfür ausgelegten Zündspule zugeführt. Hier wird die vom Generatoranker gelieferte Spannung in die Sekundärwicklung transformiert, wie auch bei der Batteriezündspule.

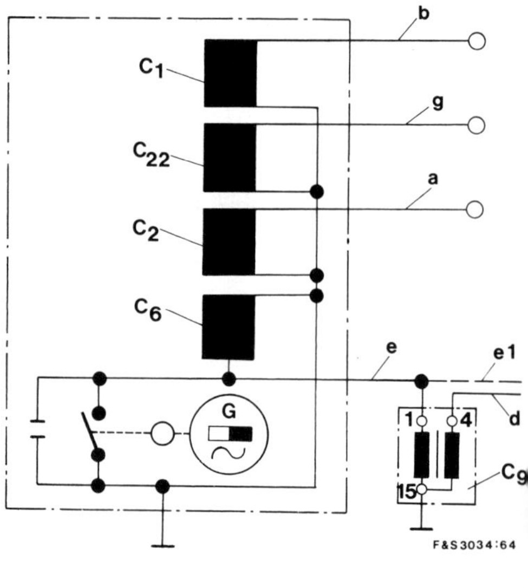

Bei Schwunglichtzündern mit außenliegender Zündspule sind die Wicklungen des auf der Grundplatte angebrachten Zündankers und die Primärwicklung der Zündspule parallel geschaltet. Die von Klemme 1 der Zündspule kommende Leitung e (blau) liegt an dem Anschluß des Zündankers, der auch zum Unterbrecher und Kondensator geführt ist.

C 1 = Bremslichtanker (b = grün), C 22 = Blinklichtanker (Wechselstromblinker für Frankreich), (g = orange), C 2 = Generatoranker (a = gelb), C 6 = Zündanker (e = blau), C 9 = Zündspule, d = Kerzenkabel.

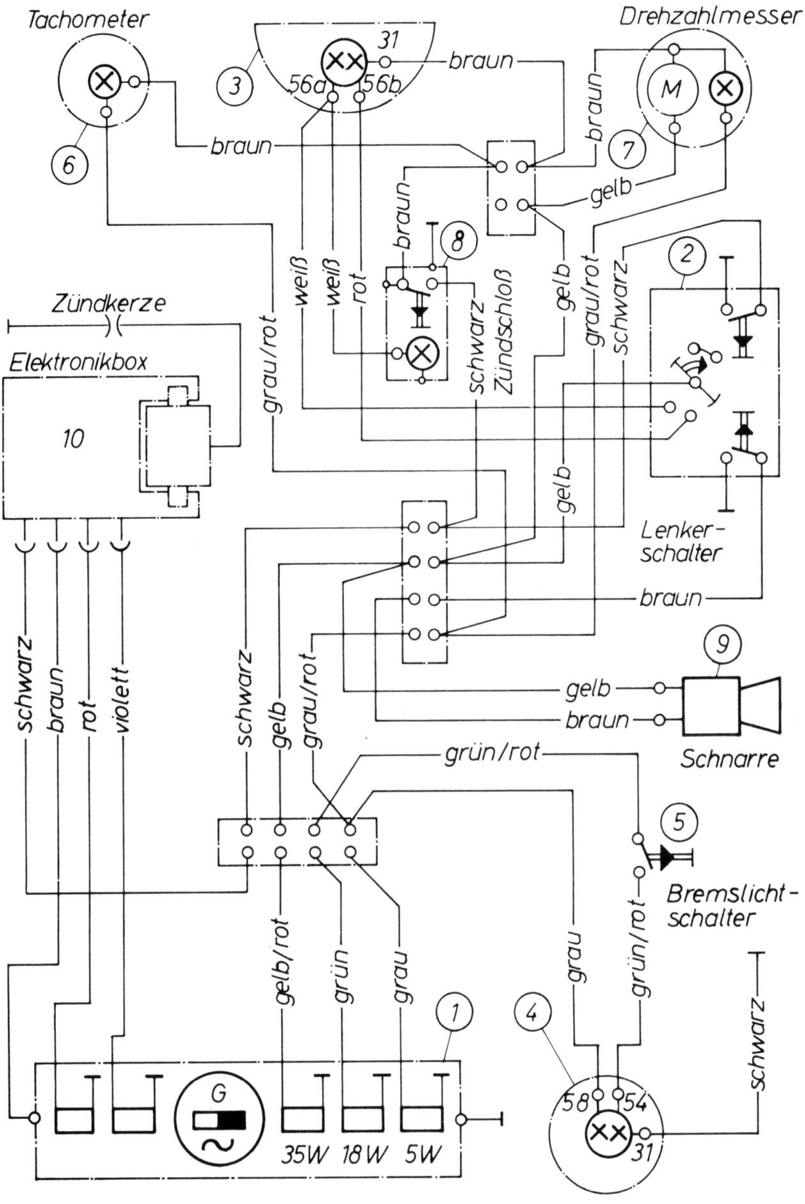

Schaltplan einer Kreidler-Florett mit Bosch-Magnetzünder-Generator MHKZ.

1 = Magnetzünder-Generator, 2 = Lenkerschalter, 3 = Scheinwerfer, 4 = Brems-, Schluß-, Kennzeichen-Leuchte, 5 = Bremslichtschalter, 6 = Tachometer, 7 = Drehzahlmesser, 8 = Zündschloß, 9 = Wechselstromschnarre, 10 = Elektronic-Box (Schaltgerät für Zünder).

Wenn man einen Generatoranker und eine außenliegende Zündspule verwendet, so ist der Aufwand zwar höher als bei einem Zündanker, aber man hat mehr Raum für die Isolation der Zündspulen-Sekundärwicklung. Innerhalb der Schwungscheibe geht es recht gedrängt und warm zu, so daß man einen Zündanker nur schwer so unempfindlich bauen kann wie eine außenliegende Zündspule.
Um Neugierige zu warnen: Man kann den Primäranschluß eines Zündankers mit defekter Sekundärwicklung nicht an eine außenliegende Zündspule legen in der Hoffnung, die Anlage möge arbeiten. Nach dem Krieg, als ich noch nicht viel von der Motorradelektrik verstand, habe ich das mal bei einer DKW mit Schwunglichtzünder versucht, da kein Zündanker zu beschaffen war. Es geht nicht, da Primärwicklung des Zündankers und Primärwicklung der Zündspule aufeinander abgestimmt sein müssen. Die Primärwicklung des Zündankers muß mit einer anderen Wicklung versehen werden. (Heute gibt es Umbausätze hierfür.)
Der Zündanker besteht wieder aus einem lamellierten Eisenkern, also aus einzeln zusammengesetzten, isolierten Eisenblechen. (Da die Luft einen sehr großen Widerstand für die magnetischen Kraftlinien darstellt, ist der Zündanker mit Polschuhen versehen, die im gleichen Radius abgerundet sind wie die Magnete bzw. deren Polschuhe. Hierdurch erreicht man den erwünschten sehr geringen Abstand zwischen Zündanker und Magnet, und die magnetischen Kraftlinien können den Zündanker fast vollständig und kaum behindert durchfließen.)
Das Ankereisen (Kern) trägt die Primärwicklung aus wenigen Windungen dicken Kupferdrahtes. Führt man die beiden Enden dieser Wicklung nach außen, so kann man zwischen ihnen bei drehendem Schwungrad eine Wechselspannung messen. In der Praxis wird das eine Ende der Wicklung allerdings an Masse gelegt, so daß man – wenn man das andere Ende der Wicklung nach außen führt – die Spannung zwischen diesem und der Motormasse abnehmen kann.
Die Spannung ist nun nicht gleichbleibend hoch, sondern ändert sich zwischen einem minimalen und einem maximalen Wert, wie es auch beim Haushaltwechselstrom der Fall ist. Die Durch-

schnittsspannung, die so erzeugt wird, bezeichnet man auch als effektive Spannung. Sie ist Maximalspannung dividiert durch $\sqrt{2}$ (1,42). (Eine Haushalt-Wechselspannung von 220 V hat also einen Spitzenwert von 220 · 1,42 = 310 V.)
Durch die Drehbewegung des Stromerzeugers geht die Spannung also einmal auf den Maximalwert, geht auf Null, zum Minimalwert, wieder auf Null, erlangt wieder den Maximalwert, usw. Bei dem schon erwähnten Transformator folgt die Sekundärspannung diesem Stromverlauf, hat also gleichfalls die Wechselspannungsfolge (die Frequenz), die in der Primärwicklung auftritt.
Kommen wir noch einmal zum Transformator zurück und stellen wir uns ganz dumm.
Wir wissen ja, daß der Haushaltwechselstrom 100mal in der Sekunde seine Richtung wechselt und dazwischen immer wieder zu Null wird. Durch diesen schnellen Wechsel haben die Glühlampen z. B. keine Zeit mehr zum Erlöschen. Jetzt nehmen wir einmal an, die Frequenz des Wechselstroms würde niedriger, bis sie schließlich so klein ist, daß wir das Verlöschen und Wiederaufleuchten der Glühlampe bemerken können.
Hätte man den Klingeltransformator angeschlossen, so würde es einer hier an die Sekundärwicklung angeschlossenen Taschenlampen-Glühlampe ebenso gehen – sie würde zeitweilig dunkel. Da man das Transformatorprinzip umkehren kann, müßte eine auf der 220-V-Seite angeschlossene Glühlampe wiederum zeitweilig verlöschen, wenn man auf der 3-5-8-V-Seite eine langsame Frequenz zuführt. (Das Ganze ist natürlich nur ein Gedankenversuch, der in der Praxis nicht funktioniert!)
So, und damit haben wir den Übergang zu einem Begriff gefunden, der bei Magnetzündungen eine so große Rolle spielt – dem Abriß.

Der Abriß

In den Bedienungsanleitungen wird immer darauf hingewiesen, daß der sogenannte Abriß genau eingehalten werden muß, wenn der Zündfunke möglichst stark sein soll.

Wie wir von der Batteriezündspule her wissen, wird die Zündspannung in dem Augenblick induziert, in dem der Strom in der Primärwicklung unterbrochen wird.
Genauso ist das natürlich beim Zündanker der Magnetzündung. So, wie die Zündspannung in der Batteriezündspule um so höher wird, je besser der Weicheisenkern durch den Batteriegleichstrom magnetisiert wird, wird die Zündspannung im Zündanker um so höher, je besser der Eisenkern des Zündankers magnetisch erregt wird.
Die magnetische Erregung des Zündankers ändert sich aber laufend, da die Stellung der Magnete über den Zündanker-Polschuh sich ebenfalls laufend ändert. Wird nun der Primärstrom vom Unterbrecher in dem Augenblick unterbrochen, in dem die magnetische Erregung sehr klein oder gar Null ist, so wird natürlich in der Sekundärwicklung nur eine sehr niedrige Zündspannung induziert, die für einen Zündfunken nicht ausreichend ist.
Die Öffnung der Unterbrecherkontakte muß also in dem Augenblick erfolgen, in dem die magnetische Flußänderung im Zündanker am größten ist.
Das ist in der sogenannten Abrißstellung der Fall: Hierbei haben sich die Magnetpole schon so weit gedreht, daß sie die Polschuhe des Zündankers bereits verlassen haben. Der Zündanker wird aber noch von den magnetischen Kraftlinien z. B. in der Nord-Süd-Richtung durchflossen, wobei der Primärstromfluß zusätzlich eine »Haltewirkung« auf die Kraftlinien-Flußrichtung ausübt. Wird nun der Primärstrom unterbrochen, so springt der Magnetfluß um, er »reißt ab« – und der Zündanker wird von den magnetischen Kraftlinien nun in Süd-Nord-Richtung durchflossen.
Die in der Primärwicklung induzierte Spannung ist dabei am höchsten, und damit wird auch die höchste Sekundärspannung »transformiert«!

Der falsche Abriß

Da ist mir mal ein tolles Ding passiert. Jemand kam mit einem ausländischen Mofa angezockelt, das nicht mehr zünden wollte.

Vorher war er schon in einigen Zweiradwerkstätten gewesen, aber nirgends konnte man ihm helfen. Die ganze Zündanlage schien in bester Ordnung, aber es war kein Zündfunke zu erzielen. Der Abriß – ja er schien mir etwas sehr groß, aber wenn das Ding früher gelaufen war, dann müßte es ja auch jetzt gehen. Verbissen arbeitend, entlockte ich dem Mann schließlich die Geschichte. Er hatte das Mofa von einem Bekannten geschenkt bekommen. Da lief es noch, aber die Schwungscheibe streifte so komisch über Zünd- und Lichtanker.

Der Mann stellte fest, daß die Niete, mit denen die Schwungscheibe an der Nabe befestigt war, sich gelockert hatten. Da das Nachnieten nichts half, brachte er die Schwungscheibe in eine mechanische Werkstatt, wo man die alten Niete ausbohrte und nun neue, stärkere Niete einzog. Anschließend wurde die Schwungscheibe wieder aufmagnetisiert, aber nach der Wiedermontage war der Apparat nicht mehr zum Laufen zu bringen.

Nach dieser Erzählung legte ich alles aus der Hand, denn jetzt war der Fehler klar: Die Schwungscheibe hatte sechs Magnete, und die Nabe war mit acht Niete an der Scheibe befestigt. Die Werkstatt hatte die Nabe nicht in der alten Stellung eingenietet, sondern um eine Achteldrehung (oder ein Mehrfaches davon) versetzt. Nach dem neuerlichen Ausnieten der Nabe wurde die Schwungscheibe so auf ihr verdreht, daß sich beim Abheben der Unterbrecherkontakte ein Abriß von ca. 8 mm ergab, wobei sich die Bohrungen von Nabe und Schwungscheibe gerade deckten. Die Nabe wurde wieder festgenietet, und danach sprang der Motor auf Anhieb an.

Die Einstellung des Unterbrecherabhubs

Auch beim Magnetzünder bzw. beim Schwungradzünder muß der Unterbrecherkontaktabstand vor dem Zündzeitpunkt eingestellt werden. Beim Schwungradzünder stellt man den maximalen Unterbrecherkontaktabstand ebenfalls durch Verdrehen des Kontaktträgers ein. Die Klemmschraube des Kontaktträgers wird gelockert, eine Fühlerlehre (Spion) entsprechender Stärke (meist sind 0,4 mm vorgeschrieben) wird zwischen die Kontakte (bzw.

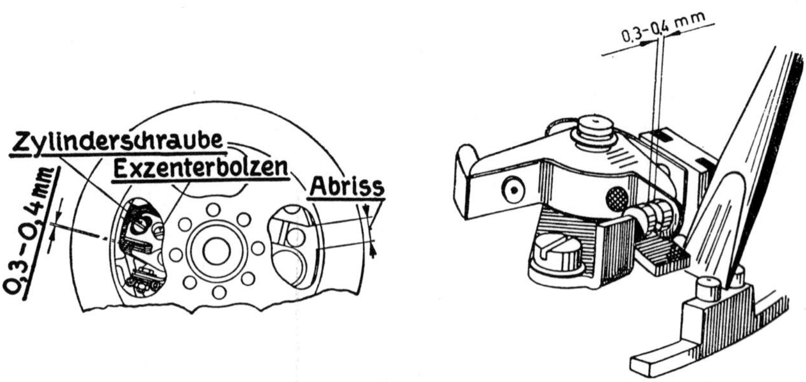

Der maximale Abstand der Unterbrecher-Kontakte läßt sich auf unterschiedliche Art einstellen. Bei manchen Unterbrecherträgern läßt sich dieser durch einen Exzenterbolzen schwenken (links), bei anderen wird eine Schraubenzieherklinge in Zapfen und Aussparungen gesteckt, so daß der Kontaktträger geschwenkt werden kann (rechts).

wenn die Unterbrecherkontakte bereits einige Stunden gelaufen sind und deshalb Abbrand aufweisen, zwischen die Kontakt-Ränder) geklemmt und der Unterbrecherträger so verdreht, daß sich die Fühlerlehre gerade leicht herausziehen läßt. (Wenn der Unterbrecherträger sich durch eine Exzenterschraube verstellen läßt, geht das ziemlich einfach. Muß man den Unterbrecherträger dadurch schwenken, daß man einen Schraubenzieher zwischen zwei Zapfen klemmt und verdreht, dann ist die Sache schwieriger, da man hierbei nicht soviel Gefühl hat.)
Anschließend Klemmschraube des Kontaktträgers wieder festziehen und Kontaktabstand noch einmal überprüfen. (Wenn man die Klemmschraube gelöst hat, ändert sich der Kontaktabstand nach dem Wiederanziehen meist etwas.)

Unterbrechergrundplatte der Yamaha X T 500

Hier wird der Kontaktabstand verändert, indem eine Schraubenzieherklinge zwischen zwei Noppen der Unterbrechergrundplatte und den Schlitz des Kontaktträgers geklemmt und verdreht wird.

1 = Unterbrecherkontakt, 2 = Unterbrechernocken-Schmierfilz, 3 = Kondensator. Der Pfeil zeigt auf Noppen und Schlitz zum Schwenken des Unterbrechers. Hier wird ein Schraubenzieher eingesetzt, mit dem sich der Unterbrecher schwenken läßt.

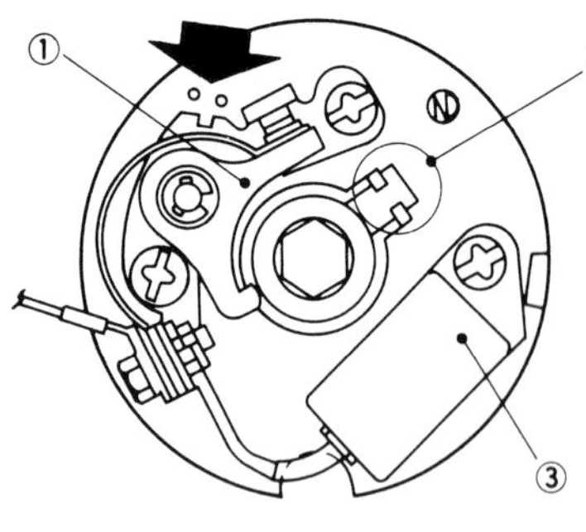

Zündzeitpunkt bei der Magnetzündung

Leider läßt sich das Öffnen der Unterbrecherkontakte bei der Magnetzündung nicht so einfach kontrollieren wie bei der Batteriezündung.
Mit einer Prüflampe – wie bei der Batteriezündung – läßt sich hier nichts machen, denn über den Unterbrecher geht kein Dauerstrom. Der Primärstrom wird ja erst erzeugt, wenn sich das Magnetrad bzw. der Magnetläufer ziemlich schnell drehen. Auch der Anschluß einer Fremdbatterie bringt uns nicht weiter, denn Unterbrecher und Primärwicklungen liegen hier nicht hintereinander, sondern parallel zueinander.
(Als ich noch zur Schule ging und gar nichts von derartigen Dingen verstand, überlegte ich mir, eine Batterie an eine Glühlampe hoher Wattzahl anzuschließen, den anderen Glühlampenanschluß an den isolierten Unterbrecherkontakt und den Minuspol der Batterie an Masse zu legen.
Bei geschlossenem Unterbrecherkontakt würde die Glühlampe heller brennen als bei geöffnetem, denn jetzt könnte der Strom nur durch die Primärwicklung des Zündankers fließen und die Glühlampe müsse etwas dunkler werden, da die Primärwicklung einen gewissen Widerstand habe. Die Vermutung war vollkommen richtig, ich hatte eine wirklich korrekte Anzeige der Unterbrecherkontaktöffnung und hatte einen absolut genauen Zündzeitpunkt eingestellt! Nur bekam ich den Motor nicht mehr zum Laufen, denn der Strom in der Primärwicklung des Zündfunkens hatte die Magnete des Schwungrades entmagnetisiert. Das erklärte mir dann später ein guter Freund, der schon etwas mehr Ahnung von den Dingen hatte.)
Zum exakten Einstellen des Zündzeitpunktes bei Magnetzündern gibt es allerdings auch einige elektrische Methoden. So kam ein findiger Kopf darauf, die Leitung zwischen Unterbrecherhebel und Primärwicklung aufzutrennen, eine 1,5-V-Batterie und ein Lämpchen mit ganz geringer Stromaufnahme einzuschalten (höchstens 70 Milliampere). Hiermit kann man das korrekte Öffnen der Unterbrecherkontakte feststellen, ohne den Magnetismus des Schwungrades zu gefährden. Leider verlangt diese Art

der Zündeinstellung einige Bastelei, ist also nicht jedermanns Sache.
Von Bosch gibt's ein Zündzeitpunkt-Einstellgerät für Batterie- und Magnetzündung, das aber ziemlich teuer ist und für uns also nicht in Frage kommt. Ähnliche Geräte gibt's auch von anderen Firmen, aber es ist immer eine Geldfrage. (Natürlich kann man die Einstellung der Zündung in einer Werkstatt vornehmen lassen, die solch ein Gerät besitzt, aber das ist meist sehr umständlich.)
Schließlich bleibt uns nur die alte Methode mit dem Einklemmen von Zigarettenpapier zwischen die Unterbrecherkontakte übrig. Beim Drehen der Schwungscheibe in Laufrichtung kommt dann der Augenblick, in dem sich die Unterbrecherkontakte zu öffnen beginnen und man das Zigarettenpapier unter sanftem Zug zwischen den Kontakten herausziehen kann.
Die Zündzeitpunktmarkierung am Schwungrad muß sich dann gerade mit der Gehäusemarkierung decken.
Da Zigarettenpapier heute kaum mehr zur Hand ist (es sei denn, man trennt eine Zigarette auf), kann man auch Schokolade-Stanniolpapier nehmen. Bei manchen Firmen ist das Stanniolpapier sehr dünn – dünner geht's nicht. Natürlich muß das Papier vollkommen glatt sein, und auch die Unterbrecherkontakte dürfen noch keine größere Krater- und Höckerbildung aufweisen, sonst ist auch diese Methode fraglich.

Einstellen des Zündzeitpunkts

Der Zündzeitpunkt wird durch das Öffnen der Unterbrecherkontakte diktiert. Dieses Öffnen muß genau in dem Augenblick erfolgen, in dem der Kolben die vorgeschriebene Stellung vor OT hat. Da diese Stellung durch die an der Schwungscheibe werksseitig vorgesehene bzw. nachträglich angebrachte Markierung dann angezeigt wird, wenn diese sich mit der Gehäusemarkierung deckt, dreht man die Schwungscheibe (natürlich bei herausgeschraubter Zündkerze) im Drehsinn des Motors so weit, bis sich Schwungscheiben- und Gehäusemarkierung decken. (Natürlich muß es sich wirklich um die Zündzeitpunktmarkierung handeln und nicht um die Markierung für den OT, die in Drehrichtung des Motors gesehen nach der Zündzeitpunktmarkierung liegt.)

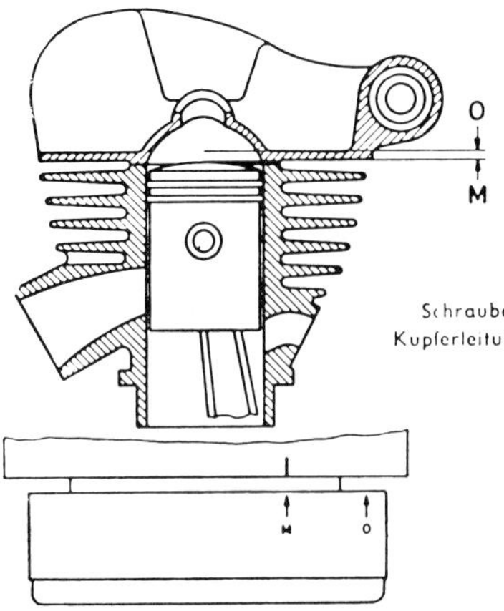

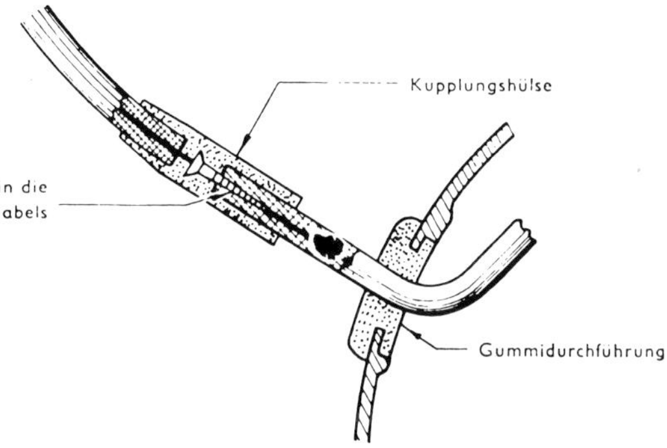

Links: Wenn der Kolben im Zündzeitpunkt steht, so steht die Marke M auf der Markierung des Motorgehäuses. Rechts: Bei plastikummantelten Zündspulen kann man ein beschädigtes Zündkabel nicht am Stromabnehmer des Zündankers anlöten. Hier läßt sich ein beschädigtes Zündkabel durch das Reparaturkabel der Firma Stefa ersetzen, wobei das Reparaturkabel eine Schraube hat, die in die Kupferleitung des ursprünglichen Zündkabels eindringt. Eine Kunststoffhülse verhindert den Zutritt von Feuchtigkeit.

Jetzt werden die Befestigungsschrauben der Ankergrundplatte gelockert und die Grundplatte wird so weit verdreht, daß sich das zwischen die Unterbrecherkontakte geklemmte Papier unter leichtem Zug mit den Fingerspitzen hervorziehen läßt. Sitzt das Papier zu fest, so muß man die Grundplatte entgegen der Motordrehrichtung verdrehen (man gibt mehr Vorzündung), sitzt es zu lose, so verdreht man die Grundplatte in Motordrehrichtung (man gibt weniger Vorzündung).

Viel kann man hier nicht verstellen, da die Langlöcher, in denen die Befestigungsschrauben sitzen, meist ziemlich kurz sind. Die An-

Das kleine Kästchen vor dem Federbein ist die außenliegende Zündspule, die von der Generatorspule im Schwunglichtzünder der Vespa gespeist wird.

kergrundplatte hat zwar einen Meißelhieb, der sich bei richtig eingestellter Zündung mit einem Meißelhieb des Motorgehäuses dekken sollte, aber das trifft natürlich nicht immer zu, da der Zündzeitpunkt auch vom Kontaktabstand beeinflußt wird. Auf keinen Fall darf man die Zündung durch Verändern des maximalen Kontaktabstandes einstellen!

Glaubt man, daß der Zündzeitpunkt korrekt ist, so dreht man die Schwungscheibe noch einmal so weit durch, bis die Zündzeitpunktmarkierung etwa 20 mm vor der Gehäusemarkierung steht. Nun wird wieder das Papier zwischen die Kontakte geklemmt, und wenn sich dann beim Weiterdrehen Zündzeitpunkt- und Gehäuse-Markierung decken, muß sich das Papier unter leichtem Zug zwischen den Kontakten hervorziehen lassen.

Decken sich die Markierungen nicht genau, so muß man die Einstellung noch einmal wiederholen.

Die Kontrolle des Abrisses

Wenn Kontaktabstand und Zündzeitpunkt stimmen, dann kontrolliert man noch das Abrißmaß. Es wird (Ausnahmen bestätigen die Regel) in den Betriebsanleitungen genauso angegeben wie der richtige Kontaktabhub und der Zündzeitpunkt.
Das Abrißmaß – also der Abstand von der Polschuhkante des Zünd- oder Generatorankers zum Polschuh des Schwungradmagneten – ist bei den verschiedenen Zündern recht unterschiedlich, man kann hierfür also ebensowenig einen einheitlichen Wert angeben wie für den Zündzeitpunkt. Da der Abriß je nach Typ der Anlage zwischen 5 und 25 mm schwankt, kann man sich – sofern sein Wert in der Betriebsanleitung nicht angegeben ist – nur darauf verlassen, daß er bei einwandfreiem Unterbrecher sowie korrekt eingestelltem Kontaktabstand und Zündzeitpunkt das vorgeschriebene Maß hat.

Neuartige Zündsysteme: MHKZ Magnet-Hochspannungs-Kondensatorzündung

Auch die MHKZ besteht aus einem umlaufenden Polrad und einer feststehenden Ankerplatte. Auf ihr sind ein Ladegeneratoranker, ein Zündanker, ein Speicherkondensator und eine Ladediode an-

Funktionsschema der Bosch-Magnet-Hochspannungs-Kondensator-Zündung (MHKZ).

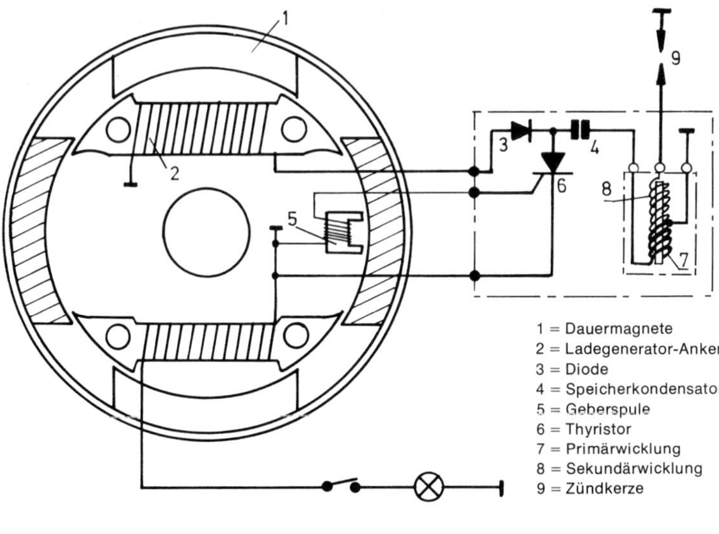

1 = Dauermagnete
2 = Ladegenerator-Anker
3 = Diode
4 = Speicherkondensator
5 = Geberspule
6 = Thyristor
7 = Primärwicklung
8 = Sekundärwicklung
9 = Zündkerze

gebracht. Außerhalb (am Motor oder am Rahmen) ist ein Schaltgerät montiert, das einen Thyristor und eine Diode aufnimmt.
Bei drehendem Polrad (1) wird im Ladegeneratoranker (2) eine Wechselspannung induziert.
Über eine Diode (3) fließt ein pulsierender Gleichstrom, der den Speicherkondensator (4) auflädt. In einer vorgegebenen Lage des Polrades zur Kolbenstellung (Zündzeitpunkt) wird in der Geberspule (5) ein Spannungsimpuls induziert, der den Thyristor (6) in den leitenden Zustand umschaltet. Hierdurch wird der Kondensator in die Primärwicklung (7) des Zündtransformators entladen und dadurch nach dem Induktionsgesetz in der Sekundärspule (8) eine hohe Spannung erzeugt, die den Funkenüberschlag an der Kerze (9) einleitet. Die Anlage hat also keinen mechanischen Unterbrecher.

MTZ Magnet-Transistor-Zündung

Bei der MTZ kreist gleichfalls ein umlaufendes Polrad um die feststehende Ankerplatte. Während die MHKZ ein sogenanntes »kapazitives System« ist (die elektrische Energie wird im Speicherkondensator gespeichert), ist die MTZ ein induktives System, wie der Schwunglichtzünder und der Schwunglichtzünder mit Zündspule.
Durch die Dauermagnete (1) des umlaufenden Polrades wird in der Primärwicklung (b) des Zündankers (c) eine Wechselspannung in-

Funktionsschema der Bosch-Magnet-Transistor-Zündung (MTZ).

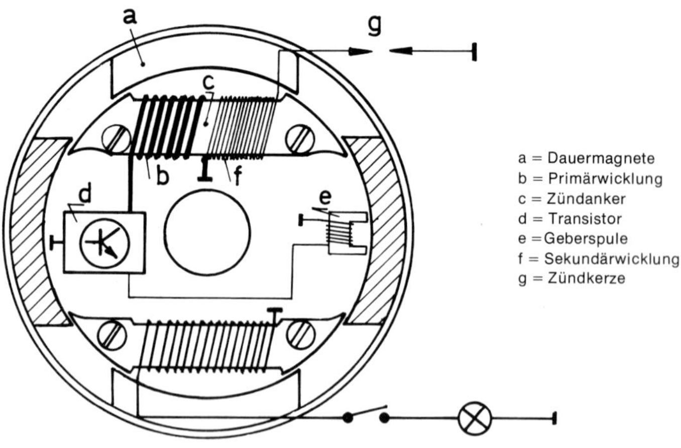

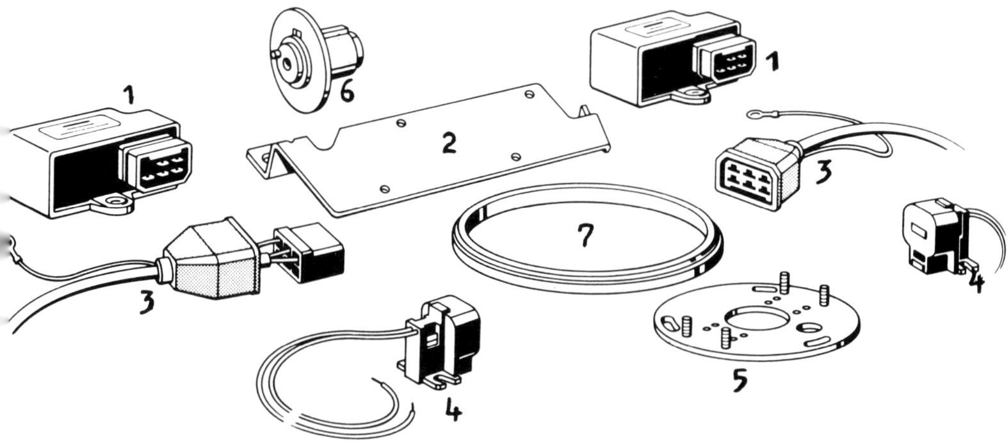

Kontaktlose Bosch-Batterie-Transistor-Zündung (BTZ) zum Nachrüsten von Honda-Motorrädern. Sie sind u. a. passend erhältlich für die CB 500 und CB 550 sowie die CB 750.

Einzelteile des Umrüstsatzes: 1 = Elektronik-Boxen, 2 = Halteblech, 3 = Kabelbaume, 4 = Induktive Geber, 5 = Trägerplatte, 6 = Steuerhülse, 7 = Zwischenring.

duziert. Über den leitenden Transistor (d) – der anstelle des Unterbrechers sitzt – fließt im Primärkreis ein Wechselstrom. In einer vorgegebenen Lage des Polrades zur Kolbenstellung (Zündzeitpunkt) wird in der Geberspule (e) ein Spannungsimpuls induziert, der den Transistor schlagartig in den Sperrzustand umschaltet. Der durch den Transistor fließende Strom hatte kurz vor diesem Zeitpunkt seinen Höchstwert erreicht. Das Zusammenbrechen des Primärstromes erzeugt nach dem Induktionsgesetz eine hohe Spannung in der Sekundärwicklung (f) des Zündankers, wodurch der Funkenüberschlag an der Kerze (g) eingeleitet wird.

Systemvergleich

Gemeinsame Vorteile der kontaktlosen Magnetzünder gegenüber Kontaktzündern:
Kein Verschleiß durch berührungslose Steuerung des Zündzeitpunktes.

Keine Verschiebung des Zündzeitpunktes während der ganzen Lebensdauer des Zünders.
Keine Wartungsarbeiten notwendig.
Einwandfreie Beherrschung höchster Drehzahlen.
Betrieb unter extremen Bedingungen (Öl, Wasser, Staub) ohne Probleme.
Kein unkontrollierter Drehrichtungswechsel, d. h. rücklaufsicher.

Spezifische Eigenschaften der MHKZ

Steile Anstiegsflanke der Zündspannung (um den Faktor 10 steiler als beim Kontaktzünder) und damit unempfindlich gegen Nebenschlüsse an der Zündkerze.
Besonders hohe Zündspannung. Zünden von Gleitfunken-Zündkerzen bei entsprechender Auslegung.
Ausbau für Mehrzylindermotoren unproblematisch.

Spezifische Eigenschaften der MTZ

Weniger Teile als MHKZ, dadurch kompaktere Bauart möglich und preisgünstiger bei Großserie.
Temperaturbeständigkeit der Halbleiter bis +125° C, hierdurch Anordnung der Elektronik auf der Ankerplatte kein Problem. Längere Funkendauer (ca. 10–20fache der MHKZ); günstig für Viertaktmotoren.

Käufliche Anlagen

»Gesteigerte Motorleistung, höhere Spitzengeschwindigkeit, stark ansteigende Beschleunigung, vollkommene Gemischentzündung durch höhere Zündenergie und dadurch erreichte Kraftstoffersparnis, Kaltstart kein Problem, usw. usw.«
Unter solchen und ähnlichen Versprechungen werden in Zeitschriften und Versandhauskatalogen Transistorzündungen zum nachträglichen Einbau angeboten. Gelegentlich findet sich dabei zwar der Hinweis, »Nur für Pkw mit Viertaktmotoren«, aber nicht immer sind die Lieferanten so ehrlich.

(Auch Kunibald Hintermoser hatte sich einmal eine derartige Anlage für seine »Gigant 50 S« mit Schwunglichtzünder gekauft, in der Hoffnung, daß die »Spitze« wenigstens um 20 km/h ansteigen möge.)
Als erstes:
Bei Magnetzünder-Anlagen sind derartige Zündsysteme ohnehin nicht zu gebrauchen; sie können nur bei Batteriezünder-Anlagen verwendet werden.
Als zweites:
Bei Motorrädern mit Batteriezündung kämen sie höchstens für Mehrzylinder in Frage, aber auch hier bringen die sogenannten Universalanlagen auf keinen Fall das, was sich die meisten Fahrer davon versprechen. Für manche Modelle gibt es speziell ausgelegte Transistorzündungen, die entweder kontaktgesteuert sind (dann ist der Einbau relativ einfach) oder kontaktlose Anlagen mit induktiven Gebern, wie z. B. die kontaktlose Batterie-Transistor-Zündung BTZ von Bosch für Honda-Modelle, deren Einbau etwas mehr Umbauarbeiten verlangt.
Im Grund sind die Transistorzündungen (TZ) den herkömmlichen Spulenzündungen (SZ) eng verwandt, denn auch hier wird die Zündspannung durch eine Zündspule geliefert. Die Zündspulen der Transistorzündungen unterscheiden sich allerdings von denen der herkömmlichen Batteriezündungen (Spulenzündungen) durch ein anderes Übersetzungsverhältnis zwischen Primär- und Sekundärwicklung. Bei den Transistorzündungen hat die Primärwicklung der Zündspule weniger Windungen als bei den Zündspulen der herkömmlichen Batterie- oder Spulenzündung, dadurch ist der Strom in der Primärwicklung bei einer solchen Transistorzündung höher. Dieser höhere Strom kann durch die Unterbrecherkontakte aber nicht mehr bewältigt werden, und deshalb tritt der Transistor in Funktion.

Die unterbrechergesteuerte Transistorzündung (TZ)

Nehmen wir einen Vierzylinder-Viertakter als Wagenmotor mit einer Höchstdrehzahl von 6000 U/min. Der Unterbrecher muß also 12000mal in der Minute öffnen und schließen. Bei einem

Einzylinder-Viertakter (oder einem Zweizylinder-Viertakter mit zwei Zündspulen), wie z. B. bei den neuen BMWs, öffnet und schließt sich der Unterbrecher bei gleicher Höchstdrehzahl aber nur 3000mal in der Minute. Um auf die gleiche Unterbrecher-Öffnungs- und -Schließzahl zu kommen wie beim Wagenmotor, dürfte der Motor auf eine Drehzahl von 24000 U/min kommen, und welcher Serienmotor schafft das schon!
Kommen wir noch einmal auf die Batteriezündung zurück: Bekanntlich steigt der Strom in der Primärwicklung nicht schlagartig an, sondern allmählich. Sind die Unterbrecherkontakte genügend lange geschlossen, so hat der die Primärwicklung durchfließende Strom genug Zeit, um ein ausreichend hohes magnetisches Feld im Eisenkern aufzubauen. Beim Öffnen der Unterbrecherkontakte bricht das starke Magnetfeld zusammen, und in der Sekundärwicklung der Zündspule wird eine ausreichend hohe Zündspannung induziert.
Bei kleinen Drehzahlen sind die Unterbrecherkontakte selbst bei einem Vierzylinder immer noch so lange geschlossen, daß fast der volle Strom in der Primärwicklung fließen kann. Wird die Drehzahl größer, so sind die Unterbrecherkontakte aber nicht mehr genügend lange geschlossen, der Strom steigt nur noch auf einen Teil des vollen Wertes an. Je höher die Motordrehzahl wird, um so geringere Zeit sind die Unterbrecherkontakte geschlossen und um so schwächer wird das magnetische Feld, das in der Zündspule aufgebaut wird. Jetzt kann es bei sehr hohen Drehzahlen dazu kommen, daß in der Sekundärwicklung der Zündspule eine ungenügende Hochspannung induziert wird und es zu Zündaussetzern kommt.
Diesem Mißstand kann man dadurch begegnen, daß man den Strom in der Primärwicklung von Anfang an wesentlich verstärkt, so daß auch bei hohen Drehzahlen ein genügend starkes Magnetfeld aufgebaut wird, das beim Zusammenbruch dann eine ausreichend hohe Zündspannung induziert.
Leider kann man aber keinen beliebig hohen Strom durch die Unterbrecherkontakte steuern, da diese sonst verschmoren. Bei der Transistorzündung macht man deshalb einen Umweg. Der Strom über die Unterbrecherkontakte steuert einen Transistor,

der nun seinerseits einen wesentlich höheren Strom für die Primärwicklung der Zündspule steuert.
Bei einem Ein- oder Zweizylindermotor liegen die Dinge ganz anders. Hier können die Unterbrecherkontakte viel länger geschlossen gehalten werden (es wird ja nur ein Viertel oder die Hälfte der Unterbrechungsspiele benötigt wie beim Vierzylinder), und der Strom in der Primärwicklung der Zündspule steigt immer ausreichend hoch an.
Eine unterbrechergesteuerte Transistorzündung ist beim Motorrad also überflüssig wie ein Kropf. Nicht nur das, sie bringt auch den Stromhaushalt eines Motorrades durcheinander, da sie eine höhere Leistung verbraucht als die beim Motorrad serienmäßig vorgesehene Batteriezündung. Mit den Strom- und Leistungsverbrauchern müssen wir beim Motorrad aber sehr vorsichtig sein, denn Motorradlichtmaschinen haben keine ausreichenden Leistungsreserven, wenn wir von den Drehstromanlagen moderner Maschinen absehen wollen.
Und die anderen schönen Vorteile, wie höhere Leistung, bessere Beschleunigung, höhere Spitze usw.?
All das trifft ja nur für eine nicht ausreichende Zündanlage zu, die bei hohen Drehzahlen nicht mehr mitmacht. Was die Kraftstoffersparnis betrifft: Fragen Sie mal einige Wagenfahrer, die eine Transistorzündung eingebaut haben, ob sie einen meßbaren Verbrauchsunterschied feststellen konnten. Ich kenne keinen!
Bleibt der Kaltstart. Hier sind die Vorteile der unterbrechergesteuerten Transistorzündung nicht zu bestreiten. Ein Wagen mit Transistorzündung springt – auf jeden Fall bei Kälte – meist besser an als ein Wagen mit herkömmlicher Batteriezündung. Der Grund hierfür liegt aber nicht eigentlich in der Transistorzündung, sondern im Absinken der Batteriespannung beim Anlassen. Der Anlasser eines Wagens nimmt ja derartig viel Leistung auf, daß die Batteriespannung – vor allem bei alter oder schlecht geladener Batterie bzw. bei großer Kälte – stark absinkt. Bei stark abgesunkener Batteriespannung liefert die Transistorzündung aber meist immer noch eine ausreichend hohe Zündspannung.
Bei der unterbrechergesteuerten Transistorzündung spricht man

auch viel davon, daß sie weniger gewartet werden müsse. Gewiß sind die Unterbrecherkontakte weniger belastet als bei der herkömmlichen Batteriezündung, und der Kontaktabbrand ist dementsprechend geringer. Der Abstand der Unterbrecherkontakte – und damit der Zündzeitpunkt – ändert sich aber nicht nur durch den Kontaktabbrand, sondern auch durch den Verschleiß des Unterbrecherhebel-Gleitstückes (Schleifklötzchens). Dieser ist zwar nicht übermäßig groß, aber er darf nicht vernachlässigt werden, auch bei einer Transistorzündung nicht.

Transistorzündungen ohne Unterbrecher

Der Transistor braucht nicht durch einen Unterbrecher gesteuert zu werden. Auch wenn man den Steuerstrom für den Transistor

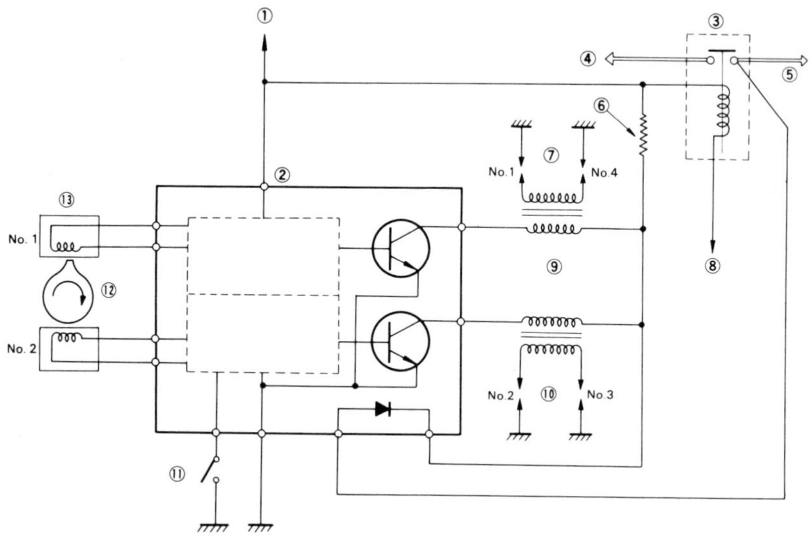

Schaltplan der Zündanlage der Yamaha XS 1100.

1 = zum Motor-Stopschalter, 2 = TCI-Zündeinheit, 3 = Anlasser-Relais, 4 = zur Batterie, 5 = zum Anlasser, 6 = Ballastwiderstand, 7 = Zündkerzen, 8 = zum Anlasserschalter, 9 = Zündspule, 10 = Zündkerzen, 11 = Notabschalter, 12 = Geber für die Geberspulen 13, die den Befehl zur Zündauslösung in die Zündspule geben.
Jede Zündspule versorgt 2 Zündkerzen, die Spule 7 die Kerzen von Zylinder 1 und 4, die Zündspule 10 die Kerzen von Zylinder 2 und 3. Die Kerzen 1 und 4 zünden gleichzeitig die von 2 und 3 ebenfalls. Während die eine Kerze im oberen Totpunkt des Verdichtungsaktes das Gemisch eines Zylinders entzündet, fällt der Zündfunke an der anderen Zündkerze in den Totpunkt während der Überschneidung.

auf andere Weise erzeugt, z. B. durch ein Magnetfeld oder eine Lichtquelle, kann man einen korrekten Zündzeitpunkt erreichen. Eine derartige unterbrecherlose Transistorzündung ist dann wirklich wartungsfrei. Solche Zündanlagen sind aber nicht universell verwendbar, sondern auf spezielle Modelle ausgelegt, wie die Bosch-BTZ für Honda-Modelle. Eine serienmäßige kontaktlose Transistorzündung hat die Yamaha XS 1100. (Gewiß läßt es sich denken, daß sich ein »Edelbastler« eine derartige Anlage für seine Maschine baut, aber für diese Leute wurde das Buch nicht geschrieben.)

Die Hochspannungs-Kondensatorzündung (HKZ)

Wie wir schon vom Zündkondensator her wissen, kann ein Kondensator eine elektrische Energie auf seinen Belegungen aufspeichern. Während die Energie in der Zündspule kurzzeitig »magnetisch« gespeichert wird, speichert ein Kondensator die Energie »kapazitiv« auf.
Da sich die im Kondensator gespeicherte Energie schlagartig entladen kann, kam man schon vor mehr als vierzig Jahren auf die Idee mit der Kondensatorzündung. Die im Kondensator aufgespeicherte Energie hat allerdings nicht die für einen Zündfunken benötigte Spannung, so daß man sie ebenfalls über einen Transformator führt, wo sie »hochgespannt« wird. Bei den »historischen« Kondensatorzündungen versuchte man die im Kondensator gespeicherte Energie über mechanische Schaltsegmente auf den sogenannten Zündtransformator zu übertragen, was aber nicht zuverlässig genug war.
Bei modernen Hochspannungs-Kondensatorzündungen (HKZ) für Wagenmotoren leitet man die Kondensatorentladung zwar ebenfalls noch durch einen mechanischen Schalter ein, aber dieser wirkt nur auf einen sogenannten Thyristor ein, der nun seinerseits die Kondensatorentlandung steuert.

HKZ ohne Schaltkontakte

Da man von den mechanisch betätigten Schalterkontakten – der Unterbrecher ist ja ein solcher – loskommen wollte, denn sie sind ja nicht wartungsfrei, überlegte man sich eine Steuerung durch einen magnetischen Impuls, der den Thyristor schaltet. Dieser bewirkt seinerseits, daß sich der Kondensator über die Primärwicklung eines Zündtrafos entlädt und so die Zündspannung in der Sekundärwicklung induziert, die dann als Zündfunke an der Kerze überschlägt. Die Hochspannungs-Kondensatorzündungen haben den Vorteil, daß die Zündspannung sehr viel steiler ansteigt als bei einer Spulenzündung (herkömmliche Batterie- oder Transistorzündung).
Durch diesen schnellen, steilen Spannungsanstieg hat die Zündspannung keine Zeit mehr, vor dem Funkenüberschlag an einem Nebenschluß der Zündkerze teilweise abzufließen. Ein solcher Nebenschluß ergibt sich beispielsweise durch Rußbelag am Kerzenisolator, und darüber fließt bei der Spulenzündung ein Teil der Zündspannung ab, bevor der Zündfunke überspringt. Der Zündfunke ist also dann geschwächt (sofern er nicht überhaupt unterbleibt), und es kommt zu Zündaussetzern.
Hochspannungs-Kondensatorzündungen ohne mechanischen Schalter bzw. Unterbrecher von Bosch oder das spanische Erzeugnis Motoplat sind schon bei vielen deutschen Kleinkrafträdern serienmäßig.

Die Zündkerze

Auch eine einwandfreie Zündanlage und ein korrekt eingestellter Zündzeitpunkt bringen nichts ein, wenn es der Zündspannung nicht möglich ist, als einwandfreier Zündfunke an der Zündkerze überzuspringen und das Kraftstoff/Luft-Gemisch zu entzünden. Es ist wohl ganz selbstverständlich, daß die Mittelelektrode, an der die Zündspannung von eventuell mehr als 15 000 Volt liegt, einwandfrei gegen Motormasse isoliert sein muß. Diese Binsenweisheit scheint aber gar nicht »selbstverständlich« zu sein,

wenn man einmal beobachtet hat, wie Zündkerzen ohne jeden Schutz lose im Werkzeugkasten umherliegen oder vom Sattel eines Motorrades auf das Straßenpflaster gekollert sind. Üblicherweise wird dann höchstens ein Blick auf den Elektrodenabstand geworfen und die Zündkerze wieder eingebaut. Daß der Isolator beschädigt sein könnte – daran wird nur selten gedacht. Er muß nicht durchgebrochen sein – schon feine Haarrisse genügen, um die vorher einwandfreie Zündkerze zu Schrott zu machen.
Normalerweise ist es dabei so, daß die Zündkerze im ausgebauten Zustand, wenn man sie an Masse legt, noch einen einwandfreien Zündfunken abgibt. Erst wenn sie im Motor unter Druck arbeiten muß, setzt sie dann aus. Eventuell sogar erst nach einiger Zeit, wenn der Motor warm geworden ist. Der Fehler wird dann überall in der Zündanlage gesucht, nur an die mißhandelte Zündkerze wird nicht mehr gedacht.
Die Zündkerze ist ein Präzisionsinstrument!
Auch wenn sie ein Massenprodukt und ein Verschleißartikel ist, der im Betrieb recht brutalen Anforderungen gewachsen ist. Sie besteht aus mehr als nur aus »Eisen und Porzellan« – in ihr ist eine Masse Erfahrung verarbeitet.
Die wesentlichen Teile jeder Zündkerze sind:

1. Das Kerzengehäuse

Das ist der Stahlkörper, der am einen Ende das Kerzengewinde trägt, mit dem die Zündkerze in den Zylinderkopf eingeschraubt wird. Auf dieser Seite ist auch die sogenannte Masse-Elektrode

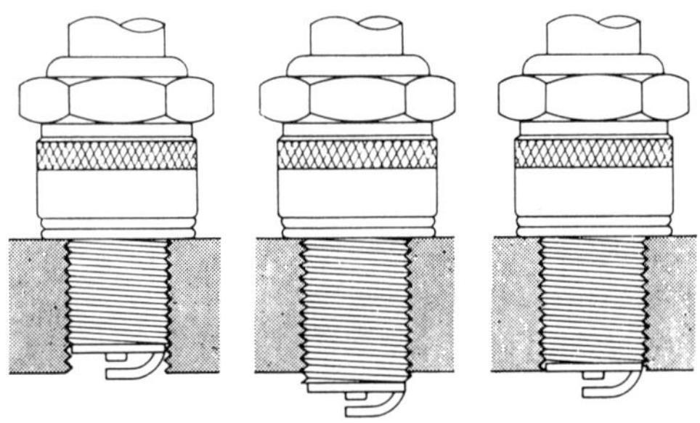

Links: normaler Kerzensitz; Mitte: Kerze sitzt zu tief im Zylinderkopf, die Elektroden ragen zu weit in den Verbrennungsraum. Rechts: Kerze sitzt nicht tief genug im Zylinderkopf (versehentlich eine zusätzliche Dichtung montiert), die Elektroden ragen nicht weit genug in den Verbrennungsraum.

angeschweißt, die nicht aus einfachem Stahl besteht, sondern aus einer abbrandfesten Sonderlegierung. Auf der anderen Seite trägt das Kerzengehäuse den Sechskant, auf den der Zündkerzenschlüssel aufgesteckt wird.

2. Die Mittelelektrode

Früher bestand sie aus einem einteiligen Stift. Der obere Teil trug das Kabelanschlußgewinde, auf den der Kerzenstecker aufgesteckt wurde. Dann kam ein Bund und darunter das Gewinde, mit dem die Mittelelektrode in den Isolierkörper eingeschraubt war. Etwa das untere Drittel der Mittelelektrode war der eigentliche Elektrodenteil, der wieder aus einer abbrandfesten Sonderlegierung bestand und an den oberen Anschlußbolzen angeschweißt war.
Bei modernen Zündkerzen ist die Mittelelektrode oft zweiteilig. Das Oberteil besteht aus Stahl und trägt das Kabelanschlußgewinde sowie ein Gewinde, mit dem dieser Anschlußbolzen in einer

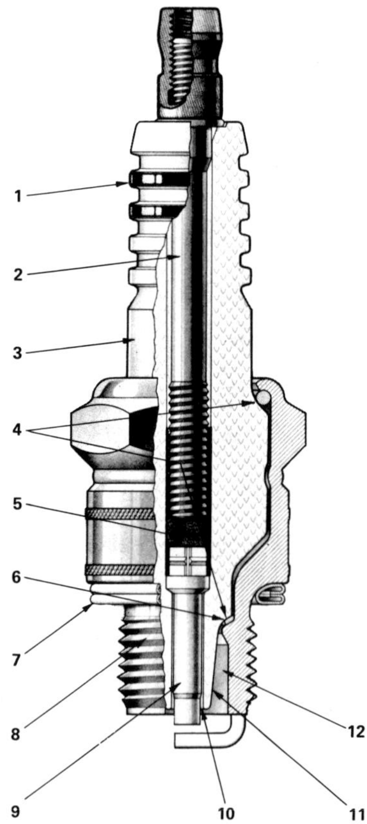

Die Zündkerze besteht aus den Hauptteilen:

1 = Kriechstrombarrieren, 2 = Anschlußbolzen, 3 = Pyranit-Isolator, 4 = Zündkerzengehäuse, 5 = elektrisch leitende Spezialschmelze, 6 = innerer Dichtring, 7 = unverlierbarer Dichtring, 8 = Präzisionsgewinde mit Führungsansatz, 9 = Abbrandfeste CR-Spezialelektrode (Mittelelektrode), 10 = breiter Luftspalt zwischen CR-Mittelelektrode und Isolatorfuß, 11 = dünnwandiger Isolatorfuß, 12 = großer Atmungsraum zwischen Zündkerzengehäuse und Isolatorfuß.

Spezialschmelze im Isolator verankert wird. Darunter sitzt die eigentliche Mittelelektrode, deren in den Verbrennungsraum hineinragender Teil wiederum aus einer Sonderlegierung besteht. (Die Sonderlegierungen von Mittel- und Masseelektrode sind zunderbeständig und widerstandsfähig gegen Bleiverbindungen im Kraftstoff, die bei hohen Temperaturen sehr aggressiv sind.) Eine leitende Spezialschmelze verbindet den Anschlußbolzen und die eigentliche Mittelelektrode und übernimmt gleichzeitig die Abdichtung der Mittelelektrode im Isolierkörper.

3. Der Isolierkörper

Er umgibt die Mittelelektrode und liegt so zwischen dieser und dem Kerzengehäuse. Das Material ist nicht einfaches Porzellan, sondern ein ausgesuchter Isolierwerkstoff, der auch bei geringen Wandstärken sehr durchschlagsfest ist. Daneben hat er eine große Wärmebeständigkeit und ein sehr gutes Wärmeleitvermögen. (Neben der Durchschlagfestigkeit ist besonders die letzte Eigenschaft bei einem Isolierkörper sehr wichtig, denn ein großer Teil der von der Zündkerze aufgenommenen Verbrennungswärme wird durch den Isolierkörper abgeführt.) Eine Dichtscheibe liegt zwischen Isolierkörper und Kerzengehäuse, und über einen Bördelring drückt das umgebördelte Kerzengehäuse auf den Isolierkörper, so daß er gasdicht eingebettet ist.

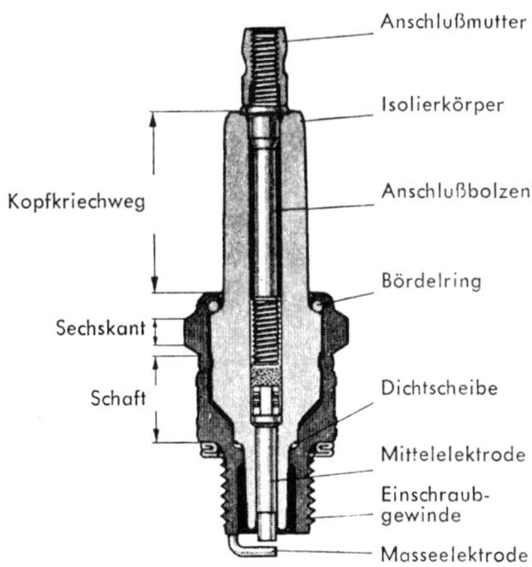

Schnittbild einer Zündkerze

Was hier zu sehen ist, sind Zündkerzen, die mit Ölkohle fast vollkommen zugesetzt sind. Die linke Kerze hat schon nicht mehr gezündet, da sich schon Ölkohleteilchen zwischen der Mittel- und der Masseelektrode abgesetzt hatten.

Kerzengröße und unterschiedliche Gewinde

Das wichtigste mechanische Maß ist wohl die Kerzengröße. Die heute gebräuchlichen Zündkerzen haben überwiegend ein Gewinde mit 14 mm Durchmesser.
Daneben gibt es vereinzelt auch noch Gewindedurchmesser von 18 mm und 10 mm.
Die Zündkerzengewinde sind auch unterschiedlich lang, was durch die Länge des Gewindes im Zylinderkopf bedingt ist. Die meistgebräuchlichen Zündkerzen haben eine Gewindelänge von 12,7 oder 19 mm.
Außerdem gibt es eine Eigenschaft der Zündkerze, die sich nicht ohne weiteres aus dem mechanischen Aufbau ersehen läßt: den Wärmewert.

Der Wärmewert der Zündkerze

Der Wärmewert ist kein absoluter Wert, wie z. B. Meter oder Kilogramm, sondern nur ein Vergleichswert. Er wurde 1924 von der Firma Bosch eingeführt, um die unterschiedliche Wärmebelastbarkeit der verschiedenen Zündkerzen vergleichbar zu machen.
Der Wärmewert der Kerze sagt etwas über ihr Betriebsverhalten

aus. Die in den Verbrennungsraum hineinragenden Teile nehmen während des Betriebs eine durchschnittliche Temperatur an, die etwa zwischen 500 und 850 ° C liegen muß. Wird die Temperatur von 500 ° C (»Selbstreinigungstemperatur«) längere Zeit nicht erreicht, so lagert sich allmählich Ruß auf diesen Teilen ab; die Zündkerze verrußt. Der Zündstrom bewirkt dann keinen zwischen den Elektroden überspringenden Funken, sondern fließt im Nebenschluß über die leitende Rußschicht zur Masse; die Zündung setzt aus.

Steigt die Temperatur über 850 ° C an, so treten an den Kerzenteilen im Zylinder Glühzündungen auf, d. h. das Kraftstoff/Luft-Gemisch entzündet sich an diesen heißen Teilen und wird nicht erst im Zündzeitpunkt durch den Zündfunken entflammt.

Die gebräuchlichen Wärmewerte bei Bosch-, Beru- und Marelli-Zündkerzen sind: 145, 175, 225, 240, 260. Viele ausländische Kerzen tragen eine Bezeichnung, aus der man den Wärmewert nicht ersehen kann. Hier muß man sich an die Vergleichstabellen der Zündkerzenhersteller halten.

Je niedriger der Wärmewert einer Kerze, desto früher wird die Selbstreinigungstemperatur erreicht. Eine solche Kerze ist gegen Verrußen weitgehend unempfindlich, wird jedoch leichter zu Glühzündungen neigen. Je höher der Wärmewert einer Kerze, desto unempfindlicher ist sie gegen Glühzündungen, verrußt aber dafür leichter.

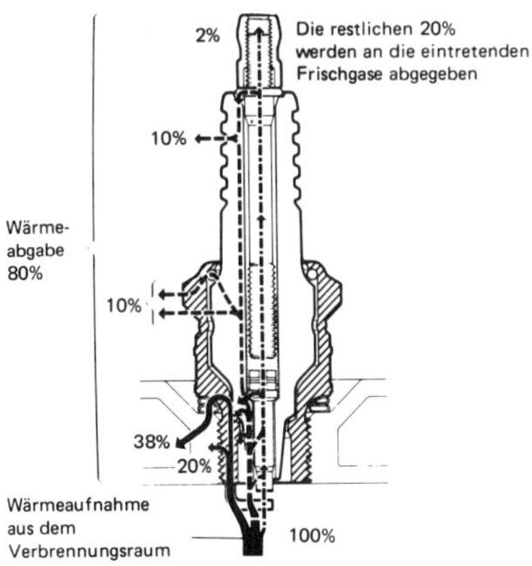

Die von der Zündkerze aufgenommene Wärme fließt nach diesem Schema ab.

Moderne Zündkerzen sind im Wärmewert vielfach nicht mehr so eingeengt wie die früheren, so daß z. B. eine Kerze mit dem Wärmewert 225 ziemlich weit zur 175er-Kerze reichen kann, aber auch in der anderen Richtung zur 240er-Kerze. Dieser größere Wärmewertbereich (man spricht auch von Mehrbereichs-Zündkerzen) wird u. a. durch eine neuartige Gestaltung von Isolatorspitze und Mittelelektrode erreicht.
Durch den größeren Wärmewertbereich braucht man nur bei ausgesprochen starken Abweichungen vom Normalbetrieb, auf Kerzen höheren Wärmewerts (bei ausgesprochenen Hetzfahrten) oder niederen Wärmewerts (bei extremem Bummelbetrieb) überzugehen.
Während man früher aus der Gestaltung des Kerzenfußes – also aus der Beschaffenheit von Isolator und Elektroden – leicht sagen konnte, ob eine Zündkerze einen höheren oder niederen Wärmewert hatte, ist das heute schlecht möglich. Zündkerzen verschiedener Typen können trotz gleich aussehendem Kerzenfuß unterschiedliche Wärmewerte haben. Der auf den Zündkerzen angegebene Wärmewert muß also den Empfehlungen der Fahrzeughersteller und Zündkerzenhersteller entsprechen.
Bei Kondensatorzündungen, die – wie schon erwähnt – einen steileren Spannungsanstieg haben, bei denen die Zündspannung also weniger Zeit findet, über einen eventuell verrußten Isolator

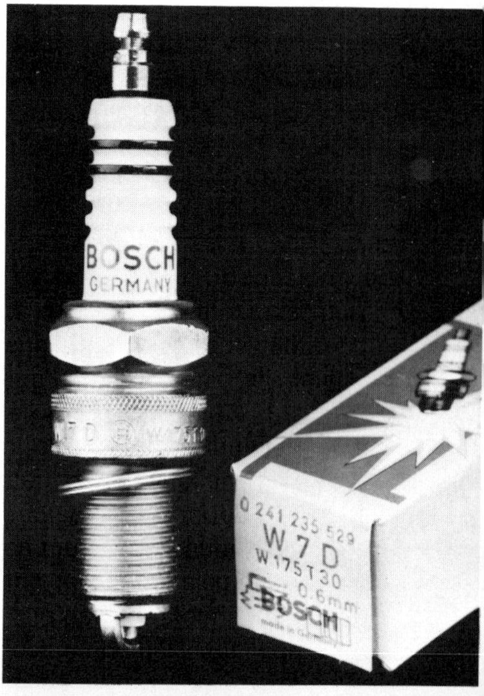

Bosch und Beru führten neue Zündkerzenbezeichnungen ein. Neben der neuen Typformel – hier die Bosch-Zündkerze W7 D – wird auch noch die alte Kennzeichnung über einen längeren Zeitraum in das Zündkerzengehäuse eingeprägt und auf die Verpackung aufgedruckt.

wegzukriechen, lassen sich meist Zündkerzen mit höheren Wärmewerten auch bei Stadt- und Bummelfahrten verwenden.
Während der Wärmewert bei den früheren Zündkerzenbezeichnungen von Bosch und Beru noch leicht aus der Typenbezeichnung ersichtlich war (z. B. Beru 175/14 u 2 und Bosch W 175 T 1, sie hatten den Wärmewert 175), ist der Wärmewert bei der neueren Bosch-Typenformel wie auch bei anderen Kerzenfabrikaten nicht mehr so leicht erkenntlich. Die Bosch-Zündkerze W 175 T 1 trägt heute die Bezeichnung W 6 AC hier ist »6« die Wärmewertkennzahl. Die Wärmewertkennzahl wird nunmehr von 06 (»kalt«) bis 13 (»warm«) angegeben. Die alte Bezeichnung wird neben der neuen noch längere Zeit auf den Zündkerzen und Packungen angeführt.
Da die Kerzenbezeichnungen der verschiedenen Zündkerzenhersteller nur den Kenner etwas verraten, ist man ohnehin auf die Vergleichstabellen der Hersteller bzw. die Empfehlungen der Motorradfabrikanten angewiesen.

Elektrodenabbrand und Elektrodenabstand

Der Abstand der Elektroden vergrößert sich mit der Motordrehzahl (der Funkenzahl, er ist also bei Zweitaktern größer), dem Verdichtungsdruck, der Elektrodentemperatur, bei armem Kraftstoff/Luft-Gemisch sowie in Abhängigkeit von der Funkenenergie. Außerdem brennen dünne, spitze Elektroden schneller ab als dicke, sofern sie nicht aus einem Sondermaterial, wie z. B. Platin, bestehen.
Sogenannte »Zündverstärker« – also Vorfunkenstrecken – bewirken ebenfalls einen größeren Elektrodenabbrand, während er durch den Entstörwiderstand im Kerzenstecker herabgesetzt wird.
Durch den vergrößerten Elektrodenabstand steigt die Spannung, die die Zündanlage zum Funkenüberschlag aufbringen muß. Bei zu großem Elektrodenabstand springt der Motor bei Kälte schlechter an und neigt zu Aussetzern. Natürlich kann man den Elektrodenabstand durch Nachbiegen der Masseelektrode wieder auf den richtigen Wert bringen, doch auch dann ist der Zündspannungsbedarf höher als im Neuzustand der Zündkerze, denn

Sogenannte Zündverstärker sind nichts weiter als Vorfunkenstrecken. Eine solche kann man sich selbst herstellen, wenn man das Zündkabel durchschneidet und einen Knopf dazwischenlegt. Mit solch einer Vorfunkenstrecke kann man verrußten oder verölten Zündkerzen manchmal noch einen Funken abgewinnen, doch es ist gescheiter, die richtige Kerze zu verwenden bzw. den Motor instandzusetzen.

an abgebrannten Elektroden springt der Funke schlechter über als an neuen scharfkantigen.

Das Zündkerzengesicht

Die heutigen Kraftstoffe haben durchweg einen relativ hohen Zusatz an Bleitetraäthyl, das die Klopffestigkeit heraufsetzt. Diese höhere Klopffestigkeit ist bei unseren modernen hochverdichteten Motoren unumgänglich, aber der Bleizusatz wirkt sich unangenehm an den Zündkerzen aus.
Während man früher bei unverbleitem Kraftstoff aus dem Kerzengesicht – dem Aussehen von Isolatorfuß und Kerzenkörper – ziemlich genau ablesen konnte, ob der Wärmewert der Kerze richtig gewählt war, ist das bei den heutigen verbleiten Kraftstoffen ziemlich schwierig. Trotzdem – einige Anhaltspunkte sollen gegeben werden:

Normales Kerzengesicht:

Es zeigt helle, gelbliche, weiße oder grauweiße, pulvrige Niederschläge auf Isolator, Kerzenkörper sowie Masseelektrode.

Verrußtes Kerzengesicht:

Hierbei zeigt sich ein leichter Rußbelag an Isolator, Kerzenkörper oder Masseelektrode. Sofern sich noch keine Zündaussetzer zeigen, wird dieser Belag bei höherer Motorbelastung wieder verschwinden. Trifft das nicht zu, so verwendet man eine Zündkerze vom nächstniedrigen Wärmewert. Hierbei ist natürlich Voraussetzung, daß die Vergasereinstellung in Ordnung ist.

Überhitztes Kerzengesicht:

Sofern sich gelbliche, glasähnliche Beläge an Isolator und Elektroden bilden, ist die Kerze überhitzt. Hier liegt der Wärmewert der Kerze zu niedrig und man verwendet eine des nächsthöheren Wärmewerts (auch hierbei ist Voraussetzung, daß Vergaser- und Zündeinstellung sowie der mechanische Zustand des Motors in Ordnung sind).

Verbleites Kerzengesicht:

Bei einer verbleiten Kerze ist der Isolator braun bis gelb-rot und hat ebenfalls einen glasähnlichen Überzug. Auch in diesem Fall verwendet man eine Kerze des nächsthöheren Wärmewerts. Sofern der Belag blau-schwarz gesintert und glänzend erscheint, nimmt man eine Kerze mit dem nächstniedrigen Wärmewert.
Der von Bleiverbindungen stammende glasähnliche Überzug des Isolators kann unter großer Hitze elektrisch leitend werden. Es ist also möglich, daß ein Motor mit einer solchen Kerze bei starker Beanspruchung unter Zündaussetzern leidet, während er im Normalbetrieb einwandfrei arbeitet.

Vom Umgang mit Zündkerzen

Kerzenwechsel oder Aus- und Einbau der Zündkerzen zum Nachstellen des Elektrodenabstands scheint eine recht einfache Arbeit zu sein, bei der man kaum nachdenken muß.

Links: So sieht es aus, wenn man eine Zündkerze im heißen Zylinderkopf mit Gewalt festzieht; die Gewindegänge werden ausgerissen. Rechts: Hier wurde ein ausgerissenes Zündkerzengewinde durch eine ordinäre Gewindebüchse repariert. Erstens dichtet diese Büchse nicht gegen den Zylinderkopf ab, zweitens sitzt die Zündkerze nicht mehr tief genug zum Verbrennungsraum, drittens — wie im Bild zu sehen – drehen sich solche Büchsen meist mit der Zündkerze heraus.

Selbst aber, wenn man glaubt, diese Arbeit im Schlaf machen zu können, sollte man dabei doch die Augen aufhalten.
Nicht einfach den Kerzenschlüssel ansetzen und die Zündkerze – notfalls mit Gewalt – herausschrauben! Zuerst schaut man einmal nach, ob sich Schmutz im Kerzensitz des Zylinderkopfs angesammelt hat, notfalls mit Luftpumpe ausblasen, damit er nicht durch die Zündkerzenbohrung in den Zylinder fällt.
Wenn die Kerze sehr fest sitzt, sich nach dem Lockern nur schwer weiterdrehen läßt, dreht man sie nur um einen Gewindegang heraus, träufelt dann etwas Caramba, Rostlösemittel oder Petroleum zwischen Kerzengewinde und Zylinderkopf und schraubt sie wieder hinein. Erst nach einiger Zeit dreht man sie dann langsam und gefühlvoll heraus, damit die Gewindegänge im Zylinderkopf nicht beschädigt werden.
Sitzt eine Zündkerze außergewöhnlich fest, so besteht der Verdacht, daß das Gewinde im Leichtmetallzylinderkopf beschädigt ist (vielleicht durch schiefes Einschrauben der Kerze beim letzten Kerzenwechsel).

Nachstellen des Elektrodenabstands und Reinigen der Zündkerze

Im Betrieb vergrößert sich der Elektrodenabstand durch Abbrand, und nach etwa 2000 bis 3000 km muß er deshalb korrigiert werden. Das Nachbiegen erfolgt zweckmäßig mit einer Zündkerzenlehre. Allgemein nimmt man bei Batteriezündungen einen Elektrodenabstand von 0,7 mm an, bei Magnetzündern 0,4 mm. Abweichungen sind jeweils in der Betriebsanleitung aufgeführt.
Das Reinigen mit einer sogenannten Zündkerzenbürste oder mit spitzen Gegenständen ist Gift für die Zündkerze; wenn schon reinigen, dann nur mit einem speziellen Zündkerzenreinigungsgerät, über das guteingerichtete Werkstätten verfügen.
Bevor man Zündkerzen reinigt, soll man sich das »Kerzengesicht« ansehen, denn dieses gibt u. a. darüber Auskunft, ob der Wärmewert der Zündkerze richtig ist, also der Fahrweise entspricht.

Einbau der Zündkerze

Vor dem Einbau wirft man noch einen Blick in den Zündkerzensitz des Zylinderkopfs. Ist er wirklich sauber? Gegebenenfalls noch mal ausputzen!

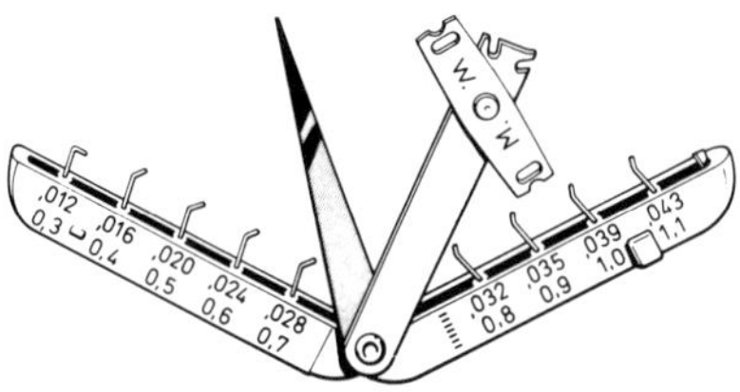

Bosch-Zündkerzenlehre. Die Haken dienen zur Kontrolle des Elektrodenabstandes.

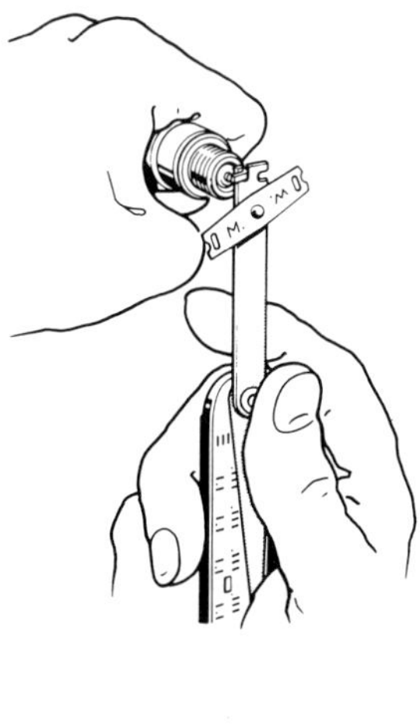

Mit einer Biegevorrichtung an der Zündkerzenlehre lassen sich die Elektroden exakt und gefahrlos auf den richtigen Abstand bringen. Das Nachbiegen der Elektroden mit Schraubenzieher und Hämmerchen taugt nichts.

Zündkerzen sollen grundsätzlich nicht in den heißen Motor eingesetzt und festgezogen werden, da sie sich sonst später nur sehr schwer wieder lösen lassen.
Sofern es sich nicht um Zündkerzen mit vernickelten Gehäusen, wie z. B. bei Bosch-Kerzen, handelt, fettet man die Gewindegänge mit etwas molybdänhaltigem Fett oder mit Grafit ein. Sie lassen sich dann leichter wieder lösen. (Wenn man wissen will, ob das Kerzengehäuse vernickelt ist, tupft man mit einem Streichholz etwas Batteriesäure auf das Kerzengehäuse. Bei vernickelten Kerzen tut sich nichts, bei verzinktem Kerzengehäuse gibt es kleine Gasbläschen und der Überzug oxydiert.)
Natürlich muß die Zündkerze genau mit der Gewindebohrung im Kopf fluchtend angesetzt werden, denn das Leichtmetallgewinde wird sonst leicht beschädigt. Man schraubt die Zündkerze so weit wie möglich mit den Fingerspitzen ein. Kommt man damit nicht mehr weiter, dann setzt man den Steckschlüssel auf, den man aber auch nur mit der Hand umgreift. Erst ganz zum Schluß – zum eigentlichen Festziehen – setzt man den Dorn in den Steckschlüssel ein.
Anziehen mit Gefühl – nicht mit Gewalt!

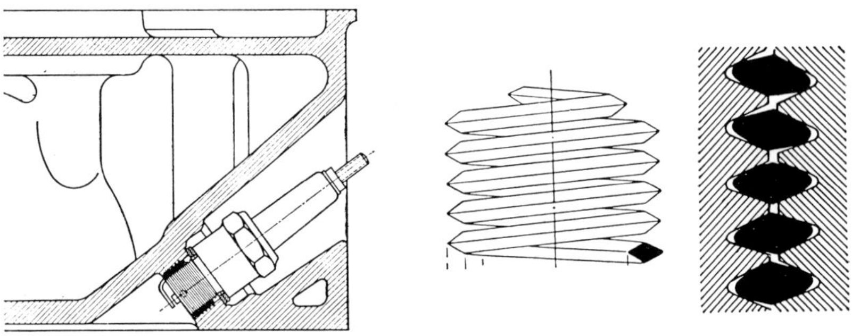

Eine einwandfreie Reparatur eines ausgerissenen Kerzengewindes kann man nur mit sogenannten Gripp-Einsätzen ausführen, die sich ihr Gewinde selbst in den Zylinderkopf schneiden, wobei der Kerzendichtring weiterhin die Abdichtung übernimmt (links), oder mit Heli-Coil-Einsätzen (Mitte und rechts). Die Heli-Coil-Einsätze sind rombenförmige Stahldrahteinsätze, für die zuerst ein Spezialgewinde in den Zylinderkopf eingeschnitten werden muß.

Eingefettete Kerzen zieht man etwas weniger fest als trockene Kerzen an, da der Einschraubwiderstand geringer ist.

Ausgerissene Kerzengewinde

Gewiß, es gibt Motorräder, bei denen der Zündkerzensitz im Leichtmetall-Zylinderkopf serienmäßig eine Stahlbüchse hat, aber die sind sehr selten. Meist sitzt die Kerze direkt im Leichtmetall, und hier muß man auf die Dauer schon sehr vorsichtig sein, damit man das Gewinde nicht beschädigt. Eine wirklich fachgerechte Reparatur eines ausgerissenen Zündkerzengewindes läßt sich nur mit sogenannten Heli-Coil-Einsätzen oder mit Ensat-Büchsen erreichen. Alle anderen Büchsen taugen nichts, da die Zündkerze dann nicht satt auf dem Zylinderkopf aufsitzt. Sie dichtet nicht richtig ab und sitzt außerdem nicht tief genug.

Die Lichtstromerzeuger

Eigentlich ist das eine ganz falsche Benennung, denn »Lichtstrom« ist nicht das, womit man eine Glühlampe speist, sondern ist die von einer Glühlampe ausgestrahlte Lichtleistung. Trotzdem – wir wollen bei dieser Bezeichnung bleiben.
Grundsätzlich unterscheidet man zwischen Gleichstrom-Lichtmaschinen, Wechselstrom-Lichtmaschinen und Drehstrom-Lichtmaschinen, wobei man die letzteren vielfach auch als kollektorlose Gleichstrom-Lichtmaschinen bezeichnet.
Der wesentliche Unterschied zwischen den Systemen:
Mit dem von einer Gleichstrom-Lichtmaschine (und auch der sogenannten Drehstrom-Lichtmaschine) abgegebenen Strom kann man direkt eine Batterie laden. Bei den Wechselstrom-Lichtmaschinen ist das nicht der Fall, der Strom muß zuvor außerhalb der Lichtmaschine gleichgerichtet werden. Wenn nachfolgend zuerst die Gleichstrom-Lichtmaschine besprochen wird, so handelt es sich um die herkömmliche Art mit Kollektor; die Drehstrom-Lichtmaschine oder kollektorlose Gleichstrom-Lichtmaschine kommt zum Schluß an die Reihe.

Gleichstrom-Lichtmaschinen

Wie schon zu Beginn des Buches gesagt, kann man einen Strom erzeugen, indem man einen Draht durch ein Magnetfeld bewegt, wobei es gleichgültig ist, ob das Magnetfeld von einem Dauermagnet oder einem Elektromagnet stammt. Ebenso gleichgültig ist es, ob sich der Draht bewegt und der Magnet stillsteht, oder ob sich der Magnet bewegt und der Draht stillsteht. Nun nimmt man allerdings kein gerades Drahtstück, sondern eine sogenannte Leiterschleife, die man – sofern sich der »Draht« bewegt – mit ihren Enden an zwei Schleifringe führt. An diesen Schleifringen läßt sich dann die »induzierte« Spannung abnehmen.

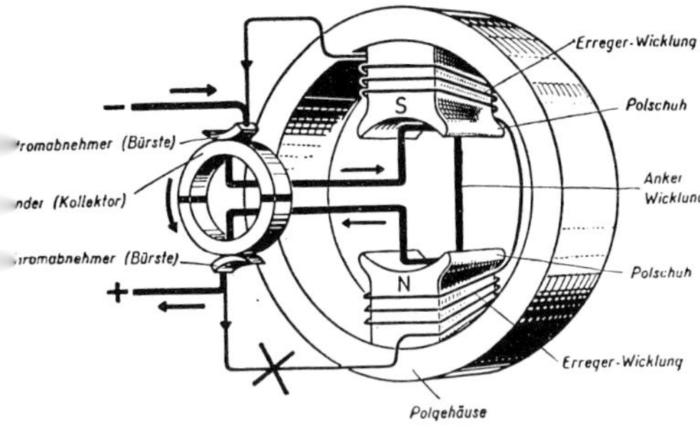

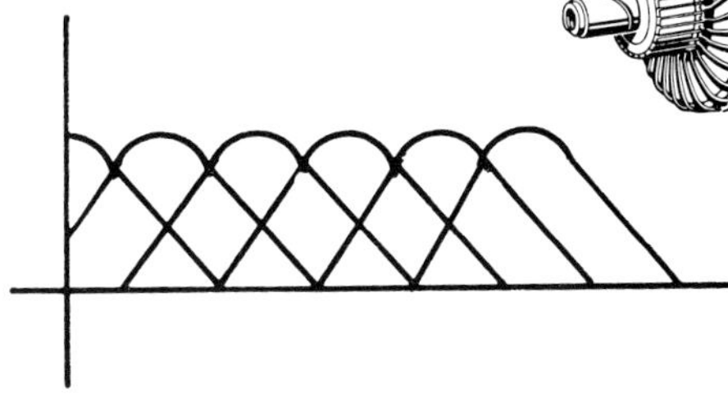

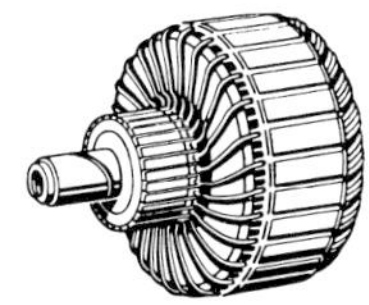

Links: Schematische Darstellung einer Gleichstrom-Lichtmaschine. An der durchkreuzten Stelle ist in der praktischen Ausführung der Regler eingefügt, der den Strom durch die Erregerwicklung steuert. Rechts: Je mehr Leiterschleifen ein Anker hat — je mehr er also unterteilt ist — desto weniger „wellig" wird der Gleichstrom. Oben rechts: Ein Anker mit entsprechend vielen Unterteilungen.

Leider handelt es sich hier noch um eine Wechselspannung, die nicht zur Batterieladung geeignet ist, da sich die Pole an den Schleifringen nach jeder Drehung der Windung um 180 ° ändern. Einmal liegt der Minuspol der Spannung an dem vorderen Schleifring und der Pluspol an dem hinteren Schleifring, einmal der Pluspol an dem vorderen Schleifring und der Minuspol an dem hinteren. Will man einen Gleichstrom aus dieser Windung erhalten, so genügt dazu ein kleiner Kunstgriff; die beiden Enden der Windung werden nicht an zwei getrennte Schleifringe geführt, sondern an die zwei voneinander isolierten Hälften eines Schleifrings. Den so aufgeteilten Schleifring bezeichnet man dann als Kollektor oder Stromwender. Jetzt liegt an dem einen Stromabnehmer – auch als Bürste bezeichnet – der Pluspol der in der Windung induzierten Spannung, an dem anderen Stromabnehmer der Minuspol. Da es sich aber nur um eine Leiterschleife handelt (die allerdings aus beliebig vielen Windungen bestehen kann, welche in gleicher Richtung liegen), schwankt die Spannung immer zwischen einem Höchstwert und Null. Bringt man mehrere zueinander versetzte Leiterschleifen in das Magnetfeld und führt deren Anfänge und Enden zu dem dann noch mehr aufgeteilten Kollektor, so bekommt man einen Gleichstrom, der in seiner Spannung nur noch wenig schwankt: die »Welligkeit« ist kleiner geworden. Je mehr Leiterschleifen man versetzt zueinander anordnet, um so geringer wird die Welligkeit. Die Anfänge und Enden der Windungen werden zu den einzelnen Kollektorlamellen geführt, wobei immer der Anfang einer Windung mit dem Ende einer anderen Windung an der gleichen Kollektorlamelle liegt.

Wie schon gesagt, kann man eine Spannung erzeugen, indem man eine oder mehrere Windungen durch die Kraftlinien eines Dauermagneten dreht. Statt des Dauermagneten kann man aber auch einen Elektromagneten verwenden, bei dem die Polschuhe durch eine stromdurchflossene Wicklung magnetisch gemacht werden. Den dafür benötigten Strom kann man direkt von dem im Anker induzierten abzweigen.

Nun wird man sich fragen, warum solchen Aufwand, wenn man doch einen einfachen Dauermagneten verwenden kann. Das hat seinen Grund in der Regelart der Gleichstromlichtmaschine:

Wie im Abschnitt über die Schwunglichtmagnetzünder gezeigt wird, muß deren elektrische Belastung genau auf die Anlage abgestimmt sein, damit die gewünschte Spannung nicht über- oder unterschritten wird. Die Stromaufnahme der Verbraucher ist hier genau vorgeschrieben! Werden Glühlampen höherer Wattzahl verwendet, als der Nennleistung der Schwunglichtmagnetzünder-Anlage entspricht, so fällt die Spannung ab, werden Glühlampen geringerer Wattzahl verwendet, so steigt sie an. Dort, wo Gleichstrom-Lichtanlagen verwendet werden, ist die Leistungsaufnahme der Stromverbraucher aber nicht konstant, denn einmal sind mehr, einmal weniger Verbraucher eingeschaltet. Die von einer Gleichstrom-Lichtmaschine abgegebene Spannung steigt proportional mit der Drehzahl. Doppelte Lichtmaschinendrehzahl ergibt deshalb doppelt so hohe Lichtmaschinenspannung! Und trotzdem brennen die Glühlampen nicht durch?

Ja, die doppelte Lichtmaschinenspannung ergibt sich nur, wenn die Magnetkraft der Erregung gleich bleibt! Setzt man die Magnetkraft entsprechend herab, so kann man die Lichtmaschinendrehzahl erhöhen, ohne daß die Spannung ansteigt. Nun kann man die Kraft eines Dauermagneten nicht einfach während des

Betriebes nach Belieben abschwächen oder verstärken. Bei einem Elektromagneten ist das aber ohne weiteres dadurch möglich, daß man den Strom durch die Erregerwicklung des Magneten drosselt oder verstärkt. Durch diese Drosselung oder Verstärkung des Erregerstromes kann man also auf einfachste Weise die von der Lichtmaschine abgegebene Spannung regeln (konstant halten), so daß man hier statt der Dauermagneten elektrisch erregte Polschuhe findet.
Manch einer wird fragen, weshalb man die von der Lichtmaschine abgegebene Spannung nicht dadurch ändert, daß man in die Ladeleitung von der Lichtmaschine zur Batterie einen veränderlichen Widerstand legt. Tatsächlich könnte man auch eine solche Art der Spannungsregelung bauen, aber das wäre umständlich und unwirtschaftlich. Schließlich will man eine gerade erzeugte elektrische Leistung nicht wieder in einem Widerstand »verheizen«. Die zum Antrieb der Lichtmaschine benötigte Leistung wird ja dem Motor entzogen und kostet somit Kraftstoff.

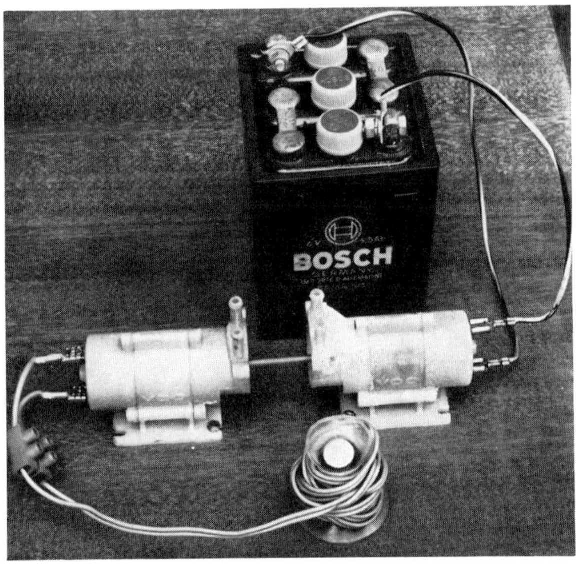

Gleichstromlichtmaschinen und Gleichstrommotoren sind im Aufbau meist ziemlich gleich, und es ist auch möglich, einen Gleichstrommotor als Lichtmaschine zu betreiben bzw. eine Lichtmaschine als Gleichstrommotor. Im gezeigten Fall wurden zwei VDO-Waschermotoren durch eine Welle miteinander gekoppelt. Während der rechte Motor von der Batterie angetrieben wird, liefert der linke Motor jetzt die Energie für die im Vordergrund stehende kleine Glühlampe.

Würde man die elektrische Spannung – und damit die Leistung – in einem Widerstand in Wärme umsetzen, so wäre das »Kraftstoff in die Luft geblasen«. Die Spannungsregelung der Gleichstrom-Lichtmaschine kann man wesentlich eleganter lösen. Dazu gehört jedoch, daß man die magnetische Kraft der Polschuhe verstärken oder schwächen kann, was bei elektrisch erregten Polschuhen ohne Schwierigkeiten möglich ist.
Wenn man um einen Eisenkern eine Windung legt, die von einem Gleichstrom durchflossen wird, so wird dieser Eisenkern magnetisch. Je stärker der Strom ist, der durch diese Windung fließt, oder je mehr Windungen es sind, um so magnetischer wird der Eisenkern.

Kohlebürsten und Kollektor

Der im Anker der Lichtmaschine induzierte Strom wird über den Kollektor an die Kohlebürsten abgegeben bzw. die Kohlebürsten nehmen ihn vom Kollektor ab. Hierzu müssen Kollektor und Kohlebürsten einwandfrei sein. Der Kollektor – der im Neuzustand natürlich blank ist und seine Kupferfarbe hat – nimmt schon nach kurzer Betriebszeit eine grauschwarze Färbung an. Er darf weder Riefen noch Brandspuren haben und auch nicht rötlich-bläulich verfärbt sein.
Die Kohlebürsten dürfen nicht zu sehr abgenutzt sein und sollen in ihren Führungen weder klemmen noch zuviel Spiel haben. Auch wenn man keine Erfahrung mit dem »Sollzustand« dieser Dinger hat, erkennt man doch leicht, ob sie in Ordnung sind.
Kohlebürsten halten theoretisch ca. 50 000 km, doch ist das leider nicht immer der Fall, so daß man sie doch lieber einmal öfter kontrollieren sollte. Besonders Ersatzkohlebürsten können eine geringere Lebensdauer haben, da sie meist aus weicherem Material gefertigt sind als die Kohlebürsten der werksseitigen Erstausrüstung.
Ölfeuchte Kollektoren werden mit einem benzinfeuchten Tuch gereinigt. Ein riefiger Kollektor darf nicht mit der Feile oder mit Schmirgelleinen geglättet, sondern er muß abgedreht werden.

Wenn der Kollektor einer Lichtmaschine so eingelaufen ist wie hier gezeigt und die Lamellen schon Brandspuren tragen, so kann man von dieser Lichtmaschine keine einwandfreie Stromabgabe mehr erwarten. Der Kollektor muß abgedreht, aber auch auf Wicklungs- bzw. Masseschluß untersucht werden.

Der Sitz der Kohlebürsten

Sie werden von Spiralfedern auf den Kollektor gedrückt und sind über eine eingelötete Kupferlitze mit dem Bürstenhalter verbunden, dürfen aber nie so weit abgenutzt sein, daß die Kupferlitze am Grund der Aussparung im Bürstenhalter aufliegt; die Litze wird nämlich davon entweder »abgesäbelt«, oder sie quetscht sich zwischen Bürstenführung und Bürste, so daß die Bürste klemmt und nicht mehr auf dem Kollektor aufliegt.
Wenn die Bürste nicht mehr richtig aufliegt, bildet sich zwischen Bürste und Kollektor eine Funkenstrecke, der Kollektor erwärmt sich stark und die Wicklungsenden des Ankers werden schließlich sogar »ausgelötet«; der Anker muß dann gegen einen neuen ausgetauscht oder repariert werden.

Links oben: Die Kohlebürste hatte zuviel Spiel an den schmalen Seiten des Bürstenhalters. Links unten: Diese Kohlebürste hatte zuviel Spiel an den Breitseiten des Bürstenhalters. Außerdem ist sie zu stark abgenutzt. Rechts oben: Kohlebürste mit ausgesprochenen Brandspuren. Rechts unten: Kohlebürste mit angegriffener Lauffläche durch riefigen Kollektor.

Kohlebürsten dürfen im Bürstenhalter nicht klemmen (sonst gibt es wieder Funkenstrecken), aber auch nicht wackeln. Haben die Kohlebürsten an der Breitseite zuviel Spiel im Bürstenhalter, so setzen sie sich, wenn sie schon ziemlich abgenutzt sind, schräg und liegen nicht mehr auf den Kollektorlamellen auf, auf denen sie sitzen müssen; die Stromwendung wird beeinträchtigt.

Ersatz der Kohlebürsten

Man sollte – wenn eben möglich – nur Originalkohlebürsten verwenden, denn dann hat man die Gewähr für richtigen Sitz und das richtige Bürstenmaterial. Ob die Kohlebürsten aus dem richtigen Material bestehen, also nicht zu hart oder zu weich sind, kann man am »Laufspiegel« von Kohlebürste und Kollektor sehen. Beide müssen spiegelglatt und ohne Riefen sein. Wenn

Brandspuren am Kollektor oder an der Lauffläche der Kohlebürste zu sehen sind, so zeigt das, daß irgend etwas nicht in Ordnung ist, man sollte dann die Lichtmaschine in eine Spezialwerkstatt geben.

Links: Diese Kohlebürste hat zuviel Spiel im Bürstenhalter. Rechts: Die Litzenzuführung der Kohlebürsten muß, ohne anzustreifen, in der Aussparung des Bürstenhalters gleiten können.

Beim Ausbau der Kohlebürste löst man zuerst die festgeschraubte Öse der Kohlelitze. Zum Abheben der Spiralfeder von der Bürste biegt man sich einen starken Draht, mit dem man die Feder aber nur so weit anhebt, wie zum Herausziehen der alten Bürste nötig. Nach dem Einsetzen der neuen Kohlebürste läßt man die Feder nicht auf die Bürste schlagen, sondern setzt sie langsam ab. Die Kupferlitze der Kohlebürste muß frei in der Aussparung des Bürstenhalters sitzen und wird mit der Öse so angeschraubt, daß sie nicht verdreht ist und die Leichtgängigkeit der Bürste behindert.

Was noch zu beachten ist

Ein Blick auf die Anschlußfahnen der Kollektorlamellen zeigt, ob die Wicklungsenden noch richtig eingelötet sind. Das Zinn darf

nicht ausgeschleudert sein, wie es bei starker Überlastung der Lichtmaschine vorkommen kann. (Folge eines Kurzschlusses innerhalb der Lichtmaschine, wenn z. B. die Anschlußlitze der Plus-Kohlebürste an Masse kommt.) In diesem Fall zeigt der Kollektor Anlauffarben infolge starker Überhitzung.
Die einzelnen Kollektorlamellen sind durch Glimmer gegeneinander isoliert. Die Nut zwischen den Lamellen soll mit den Fingernägeln noch gut fühlbar sein. Ist das nicht der Fall, so muß der Kollektor abgedreht, die Nuten müssen geräumt werden.
Sind die Bürstenhalter noch richtig fest? Hat sich vielleicht der Niet für die Pertinaxplatte gelöst, die den Bürstenhalter der Plusbürste trägt? Dort, wo die Befestigungsniete für den Kohlebürstenhalter auf der Rückseite der Pertinaxplatte herausragen, ist das Lichtmaschinengehäuse aus Isolationsgründen mit Bohrungen versehen. Bei lockerer Pertinaxplatte bekommt der Plusbürstenhalter dann zeitweiligen oder dauernden Masseschluß. Zwischen Lichtmaschinengehäuse und Befestigungsniet hat sich vielleicht eine Kriechfunkenstrecke gebildet.
Sind die Anschlußfahnen der Kohlebürstenlitzen nach dem Ausbau wieder richtig angeschlossen?
Selbst erlebter Fall: Bei einer Maschine, die zwei isolierte Bürstenhalter hatte, war auch die Litze der Massebürste versehentlich am Bürstenhalter selbst festgeschraubt worden, obwohl sie an Masse gelegt werden mußte, also an das Lichtmaschinengehäuse. Ganz klar, daß die Lichtmaschine keinen Strom abgeben konnte!
Wurde die Lichtmaschine zerlegt, so muß sie anschließend neu »polarisiert« werden. Hierzu drückt man entweder bei fertig montierter Anlage und eingebauter Batterie den Anker des Reglers kurz nach unten, oder man tippt mit einer Leitung vom Pluspol der Batterie an die Plusbürste der Lichtmaschine.

Wie wird die Spannung auf gleicher Höhe gehalten?

Der Lichtmaschinenanker wird von der Kurbelwelle angetrieben, ändert also seine Drehzahl mit der Motordrehzahl, und die Spannung wäre einmal sehr gering, einmal sehr hoch.
Wenn man nun die Stärke des Magnetfeldes in Abhängigkeit von

der Drehzahl der Lichtmaschine so ändert, daß es bei niedriger Drehzahl kräftig ist, bei hoher Drehzahl aber abgeschwächt wird, so erhält man eine gleichbleibend hohe Lichtmaschinenspannung. Die Stärke des Magnetfeldes ändert man dadurch, daß man den Strom in der Wicklung der Erregermagnete verstärkt oder schwächt. Hoher Strom = starke Magnetwirkung, geringer Strom = niedrige Magnetwirkung.
Diese Regelung braucht man selbstverständlich nicht von Hand vorzunehmen, die Lichtmaschine hat hierfür den sogenannten »Regler«. Er mißt laufend die von der Lichtmaschine abgegebene Spannung und dirigiert je nach ihrer Höhe mehr oder weniger »Erregerstrom« in die Magnetwicklung, so daß die von der Lichtmaschine abgegebene Spannung auf gleicher Höhe bleibt.
Den Strom für die magnetische Erregung des sogenannten »Feldes« (bzw. für die »Feldspulen«) kann man gleich von der Plus-Kohlebürste der Lichtmaschine abnehmen und nach entsprechender Steuerung durch den Regler den Feldspulen zuführen.

Der Regler

Das, was man beim Motorrad als »Regler« bezeichnet, ist im allgemeinen der Spannungsregler der Gleichstrom-Lichtmaschine.

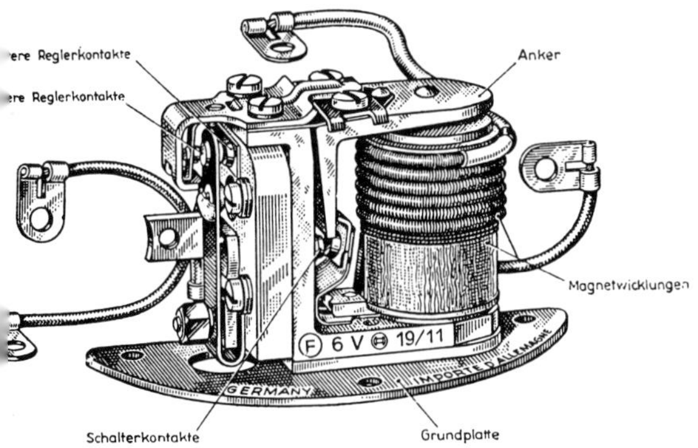

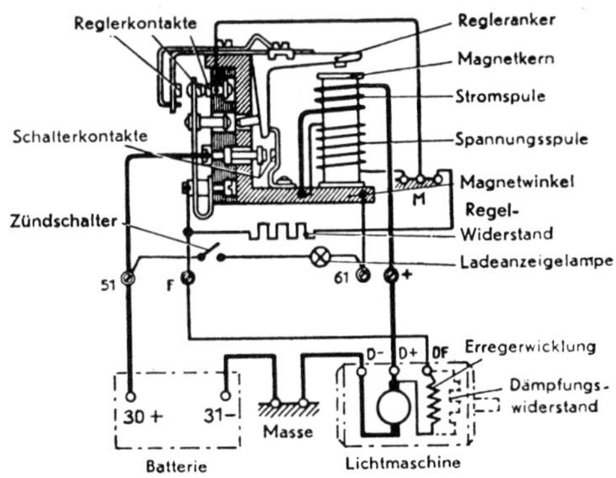

Links: Der früher vorwiegend bei Gleichstrom-Lichtmaschinen verwendete Bosch-F-Regler. Rechts: Die Schaltung des F-Reglers.

Gewiß, manche älteren Motorräder besitzen noch die früher übliche Gleichstrom-Lichtmaschine, aber sie und damit der entsprechende Spannungsregler wird immer seltener.
Die hier verwendeten Reglerausführungen waren recht vielfältiger Natur, und gerade beim Motorrad spielten sie damals eine wichtige Rolle. Durch gekonnte Arbeit am Regler war es möglich, der Lichtmaschine – besonders im Winter, wenn man häufiger mit Licht fährt und eventuell noch Heizgriffe angeschlossen hat – mehr Leistung zu entnehmen. Die richtige Reglereinstellung spielte beim Motorrad mit den damals fast immer unterdimensionierten Lichtmaschinen eine wesentliche Rolle, und richtige Bastler fuhren im Winter mit einer anderen Reglereinstellung als im Sommer.
Nun ist es aber so, daß man für genaue Arbeiten am Regler auch sehr genaue Meßinstrumente haben und etwas mehr von der Elektrik verstehen muß, als wir hier behandeln können.
(In Hertwecks »Kupferwurm« umfaßte allein das Kapitel über Regler und damit zusammenhängende Dinge rund 70 Seiten. Hier ist jede Reglerausführung am Motorrad ausführlich behandelt. In meinem Buch »Autoelektrik – Jetzt helfe ich mir selbst« ist der Regler nur am Rand behandelt. Nun ist das Leserecho auf ein Buch sehr interessant, und eigentlich war ich etwas verwundert, daß nur ein Leser wegen dieser Reglersache einen Brief schrieb. Dieser Mann wollte wissen, wie er den Regler seines VW-Variant auf eine höhere Spannung einregulieren könne, damit er eine etwas höhere elektrische Leistung zur Verfügung hätte. Nach dem ganzen Stil dieses Leserbriefes hatte der Mann sicherlich den »Kupferwurm« gelesen, obwohl er dann eigentlich auch den Varioden-Regler des VW hätte einstellen können. Mit Bildern habe ich ihm gezeigt, wie und wo, und tatsächlich hat er dann die Reglerspannung für Nachtfahrt mit eingeschalteten Scheinwerfern und zusätzlichen Halogen-Fernscheinwerfern von 12 auf 13 Volt angehoben. Der Mann hatte aber genaue Instrumente zur Verfügung!)
Für eine genaue Reglereinstellung kann ich Ihnen nur den Rat geben: Versuchen Sie, sich das genannte Buch Hertwecks (das vergriffen ist) auszuleihen – oder lassen Sie die Finger von der ganzen Einstellerei!

Das Wichtigste über den Spannungsregler

Er wird auch als Regler-Schalter bezeichnet, denn er hat mehrere Aufgaben:

1. Er muß die Spannung der Lichtmaschine auf gleicher Höhe halten, was er dadurch erreicht, daß er den Strom durch die Feldentwicklung der Lichtmaschine verstärkt oder schwächt.
2. Er muß dafür sorgen, daß die Lichtmaschine keine größere Leistung abgibt, als sie vertragen kann, ohne zu heiß zu werden.
3. Der Rückstromschalter des Reglers verbindet die Lichtmaschine erst dann mit der Batterie, wenn die Lichtmaschinenspannung auf die Batteriespannung angestiegen ist, so daß sich die Batterie nicht über die Lichtmaschine entladen kann. Sinkt

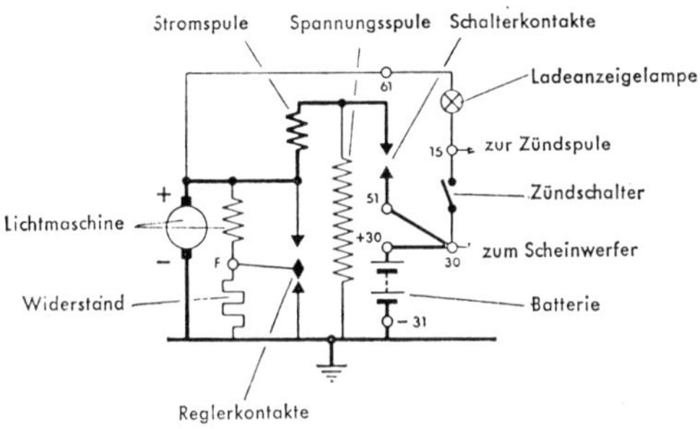

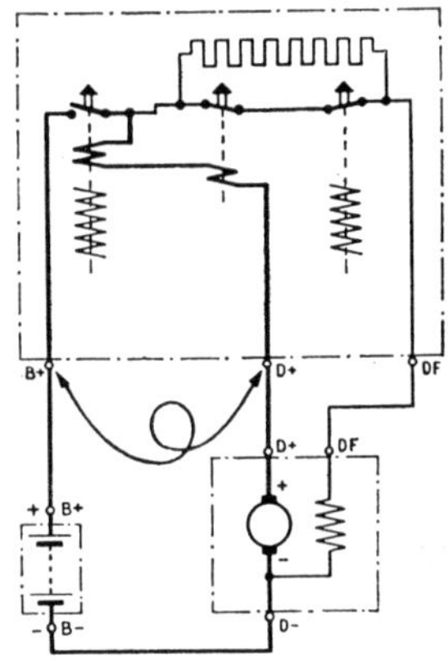

Links: Arbeitsschema eines F-Reglers. Bei niedriger Drehzahl liegt der mittlere Reglerkontakt auf den unteren, bei mittlerer Drehzahl schwebt er zwischen dem oberen und unteren Reglerkontakt, und bei sehr hoher Drehzahl legt er sich an den oberen Reglerkontakt. Hiedurch wird der Strom in der Erregerwicklung gesteuert und somit die Spannung der Lichtmaschine konstant gehalten. Rechts: Sofern eine Lichtmaschine demontiert war, muß sie nach dem Zusammenbau „polarisiert" werden. Hierzu wird entweder der Regleranker kurz heruntergedrückt, so daß der Batteriestrom durch die Lichtmaschine zur Masse fließen kann, oder es wird ein Hilfskabel von der Klemme B+ des Reglers zur Klemme D+ gezogen (Antippen genügt).

die Lichtmaschinenspannung bei abfallender Motordrehzahl unter die Batteriespannung, so trennt er die Verbindung automatisch.
Der Spannungsregler besteht aus einem Eisenkern, auch Magnetkern genannt, auf den man eine Anzahl Wicklungen – die sogenannte Spannungsspule – aufgebracht hat. In Längsrichtung über dem Kern ist der Regleranker angebracht, der den beweglichen Kontakt trägt. Im niedrigen Drehzahlbereich des Motors (und der Lichtmaschine) ist der durch die Spule fließende Strom noch gering, und die Magnetwirkung reicht noch nicht aus, um den Anker anzuziehen; der bewegliche Ankerkontakt liegt am Massekontakt, und durch die Feldspulen fließt ein hoher Erregerstrom.
Mit steigender Lichtmaschinenspannung wird der Strom höher; der Eisenmagnetkern hat eine größere magnetische Anziehungskraft, und der Anker wird etwas angezogen, so daß dessen Kontakt frei schwebt. Der Erregerstrom muß jetzt zusätzlich einen Widerstand durchfließen, so daß die Feldwicklung schwächer erregt wird.
Steigt die Lichtmaschinendrehzahl noch höher und steigt deren Spannung dabei noch mehr an, so wird der Regleranker noch stärker angezogen. Sein Kontakt legt sich an den Pluskontakt, und die Feldwicklung erhält keinen Erregerstrom mehr: die Spannung bricht zusammen. Damit wird auch der Magnetkern des Reglers unmagnetisch, so daß der Regleranker durch die Feder wieder angezogen wird und das Spiel von neuem beginnen kann.

Der Rückstromschalter des Reglers

Bekanntlich kann man eine Lichtmaschine ja auch als Elektromotor laufen lassen, wenn man sie mit den Polen einer entsprechenden Batterie verbindet. Solange der Motor steht, gibt die Lichtmaschine noch keine Spannung ab, und es fließt kein Ladestrom in die Batterie. Jetzt könnte aber ein Strom von der Batterie zur Lichtmaschine fließen, die dadurch entladen würde. Zwischen Batterie und Lichtmaschine muß also ein Schalter liegen, der die Verbindung zwischen Lichtmaschine und Batterie so lange unterbricht, wie die Lichtmaschine noch keine Spannung abgibt bzw. eine Spannung, die unter der Batteriespannung

Links: Das darf nicht wahr sein! Diese am Regler abgebrochene Leitung wurde nicht angelötet, sondern mit Uhu geklebt! Für den schwachen Strom der Prüflampe war das kein Widerstand, doch für den Strom zur Erregerwicklung reichte diese „Reparatur“ nicht aus. Rechts: Derartig verschmorte Reglerkontakte lassen auf einen Schaden in der Lichtmaschine schließen. Da die Kontakte sehr klein sind — siehe Größenvergleich zum Streichholzkopf in der Mitte —, muß man schon sehr genau hinsehen.

liegt. Diesen Schalter betätigt man nun nicht von Hand, sondern läßt ihn automatisch schalten. Er wird von der Spannung gesteuert, die die Lichtmaschine abgibt. Fließt ein Strom von der Batterie zur Lichtmaschine, so spricht man von einem Rückstrom, und deshalb heißt der erwähnte Schalter auch Rückstromschalter.

Die Ladekontrolleuchte

Schaltet man bei Motorrädern mit Gleichstrom-Lichtmaschinen die Zündung ein, so leuchtet die bekannte Ladekontrolleuchte auf. Diese Leuchte zeigt zwar an, daß die Zündung eingeschaltet ist, doch ist das nur eine »Beigabe« zu ihrer eigentlichen Funktion.

Wirft man den Motor an und erhöht man langsam die Drehzahl, so kann man im Dunkeln erkennen, daß die Ladekontrollleuchte nicht schlagartig erlischt, sondern immer dunkler glimmt, bis sie schließlich erloschen ist. Von diesem Augenblick an wird die Batterie nach Ansicht der meisten Fahrer geladen, was aber keineswegs zutrifft. In dem Augenblick, in dem die Kontrolleuchte erlischt, sind nur Batteriespannung und Lichtmaschinenspannung fast gleich hoch. Es braucht aber trotzdem noch kein Ladestrom in die Batterie zu fließen.

Eins ist allerdings sicher: solange die Ladekontrolleuchte hell aufleuchtet, wird die Batterie n i c h t geladen!

Gelegentlich kommt es vor, daß die Ladekontrollampe bei hoher Drehzahl mehr oder weniger stark glimmt, was man natürlich bei Nachtfahrten besser beobachten kann als am Tag. Wird die Batterie jetzt entladen? Keineswegs, es fließt immer noch Strom von der Lichtmaschine zur Batterie. Die Zusammenhänge zwischen Gleichstrom-Lichtmaschine, Batterie und Ladekontrolleuchte scheinen nur verwickelt, in Wirklichkeit sind sie ganz einfach zu verstehen. Um die Vorgänge zu begreifen, braucht man noch nicht einmal einen Schaltplan lesen zu können.

Statt des Stromkreises setzt man einen Flüssigkeitskreislauf und man hat ein anschauliches Modell. Die einzelnen Rohrleitungsanschlüsse werden genauso bezeichnet wie die elektrischen Leitungsanschlüsse. Batterie und Lichtmaschine werden als zwei Behälter dargestellt, die durch die Ladeleitung und die Masseleitung miteinander verbunden sind. (Am Fahrzeug selbst tritt die Masseleitung nur nicht als Kabel in Erscheinung, sondern wird durch die Metallteile des Fahrgestells gebildet.)

Der Batterie-Pluspol wird als Klemme »30« bezeichnet. Die vom Zündschalter abführenden Leitungen sind an der Klemme »15«

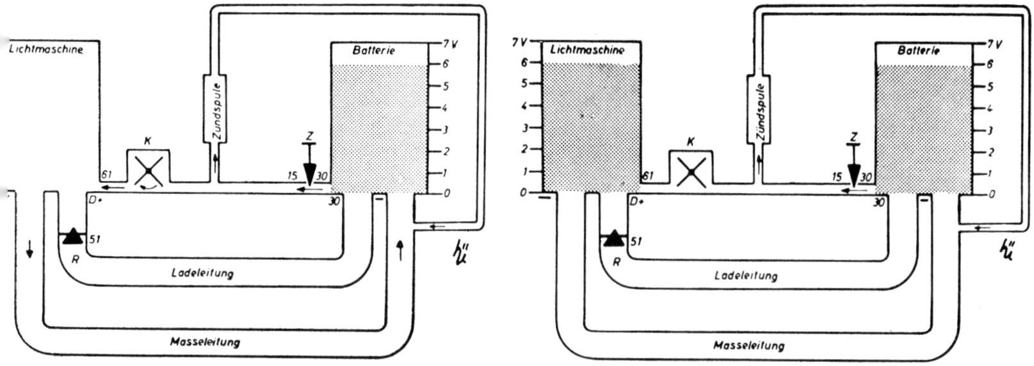

Links: Liefert die Lichtmaschine noch keinen Strom, und ist der als Absperrschieber dargestellte Zündschalter Z geöffnet, so fließt ein Strom von der Batterie über die Zündspule und ebenfalls ein Strom über die Ladekontrolleuchte K (hier als Flügelrad dargestellt), der diese zum Aufleuchten bringt. Der Strom über die Ladekontrolleuchte K fließt über die Lichtmaschine und die Masseleitung zum Minuspol der Batterie zurück. Der Strom über die Zündspule fließt ebenfalls über die Fahrzeugmasse zum Minuspol der Batterie. Rechts: Ist die Lichtmaschinenspannung auf die Batteriespannung angestiegen (niedrige Motordrehzahl), so fließt nur noch ein Strom über die Zündspule und die Masse zurück zum Minuspol der Batterie. Da Lichtmaschinen- und Batteriespannung gleich hoch sind, hat der Rückstromschalter noch nicht den Weg von der Lichtmaschine zur Batterie freigegeben, doch die Ladekontrolleuchte ist erloschen. Die Ladeleitung, die Masseleitung zwischen Lichtmaschine und Batterie und die Leitung von der Batterie über die Ladekontrolleuchte zur Lichtmaschine, sind stromlos.

derselben angeschlossen, und die von der Ladekontrolle zur Lichtmaschine bzw. zum Regler führende Leitung ist dort an Klemme »61« angeschlossen. Klemme »D« ist die Plusklemme der Lichtmaschine, von der die Ladeleitung zum Rückstromschalter führt. Hinter dem Rückstromschalter, der als »Rückschlagventil« dargestellt ist, hat die Ladeleitung die Klemmenbezeichnung »51«. Die Masseleitung ist an »—« der Lichtmaschine und der Batterie angeschlossen.

In die Ladeleitung vom Regler zur Batterie ist das Rückschlagventil R eingezeichnet, das in Wirklichkeit durch den sogenannten Rückstromschalter gebildet wird. Von der Batterie geht

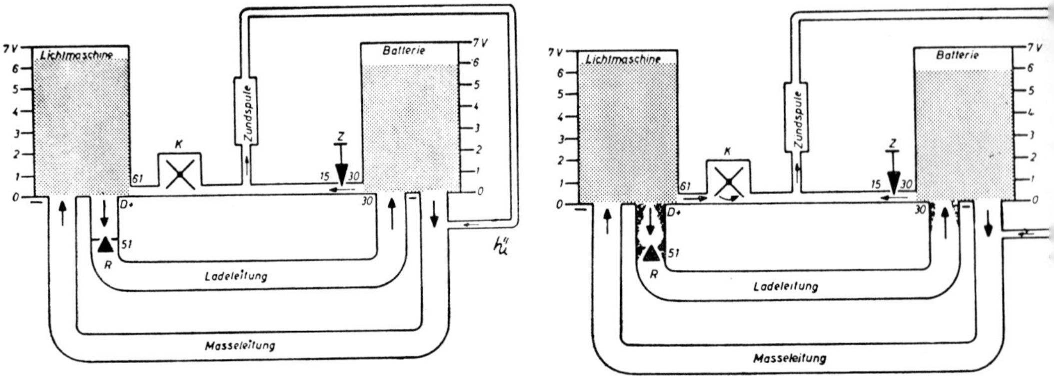

Links: Bei höherer Motor- und damit Lichtmaschinendrehzahl steigt die Lichtmaschinenspannung über die Batteriespannung, so daß ein Ladestrom über den Rückstromschalter R zur Batterie fließt. Da eine ordnungsgemäße Ladeleitung dem Strom einen wesentlich geringeren Widerstand bietet als die Leitung der Ladekontrolleuchte, braucht sich kein Strom über die Leitung der Ladekontrolleuchte zur Batterie zu zwängen. Die Kontrolleuchte bleibt dunkel. Rechts: Auch hier liegt die Lichtmaschinenspannung bei höherer Motordrehzahl über der Batteriespannung, doch glimmt die Ladekontrolleuchte. Der Strom von der Lichtmaschine zur Batterie wird durch schlechte Klemmenverbindungen, schlechte Rückstromschalterkontakte oder hohe Leitungswiderstände behindert. Ein Teil des Stroms zwängt sich deshalb durch die Lampe der Ladekontrolleuchte. Das hierbei auftretende Glimmen bedeutete nicht, daß die Batterie „entladen“ wird.

außerdem noch eine dünnere Leitung ab, die durch den Zündschalter unterbrochen werden kann. Der Zündschalter ist in den Zeichnungen mit Z bezeichnet und als Absperrschieber dargestellt.

Wird jetzt die Zündung eingeschaltet, so wird der Stromfluß aus der Batterie zur Zündspule freigegeben. Außerdem kann ein Strom über die Ladekontrolleuchte K zur Lichtmaschine fließen. Die Ladekontrolleuchte K ist als Flügelrad dargestellt, das sich durch den Strom von der Batterie zur Lichtmaschine drehen kann.

Angenommen, das Flügelrad dreht sich nach rechts. Der von der Batterie über die Ladekontrolleuchte zur Lichtmaschine fließende Strom fließt dann durch die Masseleitung zur Batterie zurück.

Ebenso läuft der von der Batterie über die Zündspule fließende Strom zur Minusklemme der Batterie zurück.
Hierbei ist die Batterie geladen und hat eine Spannung von 6 V. Da die Lichtmaschine noch nicht arbeitet, gibt sie keinen Strom ab, die Spannung ist 0 Volt. Die Spannung (der »Druck«) der Batterie ist also höher als die der Lichtmaschine, und neben dem Strom durch die Zündspule fließt ein geringer Strom über die Ladekontrolleuchte und die Lichtmaschine zur Masse. Dieser Fall liegt bei eingeschalteter Zündung und stehendem Motor oder ausgefallener Lichtmaschine vor.
Sobald der Motor angesprungen ist, liefert die Lichtmaschine mit steigender Drehzahl Spannung. Bei niedriger Motordrehzahl steigt dieselbe etwa bis 6 Volt an. Die Spannungen von Batterie und Lichtmaschine sind also gleich hoch. Von der Batterie fließt jetzt immer noch der Strom über die Zündspule, doch es fließt kein Strom mehr durch die Ladekontrolleuchte, da die Spannungen an den beiden Anschlüssen der Ladekontrollampe gleich sind. Das Flügelrad bleibt stehen – die Ladekontrolleuchte ist erloschen.
Solange die Spannung der Lichtmaschine nicht höher ist als die der Batterie, wird das Rückschlagventil noch nicht geöffnet. Es fließt also kein Strom von der Lichtmaschine über die Ladeleitung zur Batterie, aber auch kein Strom in der Masseleitung.
Wenn die Lichtmaschinendrehzahl beim Gasgeben ansteigt, steigt auch die Spannung der Lichtmaschine, bis sie etwas über 6 Volt beträgt. Dieser etwas höhere Druck in der Lichtmaschine öffnet das Rückschlagventil (den Rückstromschalter), und es fließt ein Strom von der Klemme »D+« der Lichtmaschine über den Rückstromschalter, die Klemme »51« und die Ladeleitung zur Klemme 30 (den Pluspol) der Batterie. Da ein Stromfluß nur zustande kommt, wenn der Stromkreis geschlossen ist, fließt natürlich auch der Minusstrom von der Minusklemme der Batterie zur Minusklemme der Lichtmaschine.
Ein geringer Strom könnte auch jetzt von der Klemme 61 der Lichtmaschine über die Ladekontrolleuchte K zur Batterie bzw. Zündspule fließen, so daß sich das »Flügelrad« K der Ladekontrolleuchte linksherum drehen würde. Ist die Anlage mit ihren

gesamten Leitungen in Ordnung, so kommt das nicht vor, da die Ladekontrolleuchte K dem Strom einen im Verhältnis zur Ladeleitung viel zu großen Widerstand entgegensetzt. Die Ladeleitung hat einen wesentlich größeren Querschnitt als die Leitungen der Ladekontrolleuchte.

Zusammenfassung:

1. Der Motor steht, die Zündung ist eingeschaltet, es fließt ein Strom über die Ladekontrolleuchte K von der Batterie zur Lichtmaschine, und die Ladekontrolleuchte K leuchtet auf. Die Batterie wird nicht geladen.
2. Der Motor ist angesprungen, läuft jedoch mit niedriger Drehzahl, so daß auch die Lichtmaschinen-Drehzahl noch niedrig ist. Da die Spannungen von Lichtmaschine und Batterie praktisch gleich hoch sind, fließt kein Strom über die Ladekontrolleuchte K, so daß dieselbe nicht mehr aufleuchtet. Die Batterie wird immer noch nicht geladen!
3. Die Motor- und damit die Lichtmaschinendrehzahl wird erhöht und die Spannung der Lichtmaschine liegt über der Batteriespannung. Jetzt öffnet sich das Rückschlagventil R, und es fließt ein Ladestrom von der Lichtmaschine zur Batterie. Die Kontrollleuchte ist erloschen. Die Batterie wird geladen.

Das Glimmen der Ladekontrolleuchte

Glimmt die Ladekontrolleuchte nachts bei höherer Motordrehzahl oder beim Einschalten von Stromverbrauchern auf, so wird oft der Verdacht geäußert, daß die Batterie nicht ausreichend geladen wird. Dieses Glimmen – das auch bei Tagfahrt auftreten kann, hier wird es jedoch wegen der Außenhelligkeit nicht bemerkt – zeigt keine Entladung der Batterie an, es hat (meist) einen einfachen Grund.
Wird die starke Ladeleitung zwischen Lichtmaschine und Batterie stellenweise eingeengt, so stellt sie für den Ladestrom einen etwas höheren Widerstand dar. Der gesamte, von der Lichtmaschine gelieferte Ladestrom verteilt sich so, daß der Haupt-

strom über den Rückstromschalter und die Ladeleitung zur Batterie fließt, ein geringer Strom aber auch von der Lichtmaschine über die Ladekontrolleuchte zur Batterie bzw. direkt zur Zündspule. Der von Klemme »61« der Lichtmaschine über die Ladekontrolleuchte K fließende geringe Strom dreht das »Flügelrad« langsam linksherum – die Ladekontrolleuchte glimmt, da es für eine Lampe ja uninteressant ist, in welcher Richtung sie vom Strom durchflossen wird. Je höher die Lichtmaschinenspannung über der Batteriespannung liegt (höhere Motordrehzahl), um so größer kann der von der Lichtmaschine abgegebene Strom über die Ladekontrolleuchte werden. Dieser Strom – der allerdings wesentlich geringer ist als der Strom, der bei spannungsloser Lichtmaschine von der Batterie zur Lichtmaschine fließt – verursacht das Glimmen der Ladekontrolleuchte.
Solche »Einengungen« in der starken Ladeleitung können durch lose Anschlüsse der Kabel, durch Übergangswiderstände an den Anschlußklemmen oder an den Kontakten des Rückstromschalters hervorgerufen werden.
Schaltet man einen größeren Verbraucher ein, so wird die Batterie angezapft und ihre Spannung sinkt etwas stärker ab. Die jetzt relativ noch höhere Lichtmaschinenspannung treibt einen noch etwas höheren Strom durch die dünne Leitung der Ladekontrolleuchte, so daß die Ladekontrolleuchte etwas heller glimmt. Dieser Fehler läßt sich durch einwandfreie Klemmenverbindungen an Lichtmaschine, Regler und Batterie beheben.
Durch Einsetzen einer stärkeren Glühlampe in die Ladekontrollleuchte wird dieser Fehler gelegentlich in Werkstätten »behoben«, das zeigt nur, daß dieser Fachmann sein Handwerk nicht versteht. Zwar reicht der Strom durch die stärkere Lampe nicht aus, um dieselbe zum Glimmen zu bringen, doch fließt er trotzdem lustig weiter.

Der Überlastungsschutz der Lichtmaschine

»Kann man die Leistung der Lichtmaschine nicht dadurch erhöhen, daß man einen stärkeren Regler montiert?« Diese Frage wurde mir vor längerer Zeit gestellt.

Die Leistungsfähigkeit einer Lichtmaschine wird nicht durch den Regler begrenzt, sondern durch ihre Auslegung. Der Regler sorgt nur dafür, daß die Spannung der Lichtmaschine in den zulässigen Grenzen gehalten wird und der der Lichtmaschine entnommene Strom nicht über die Höchstgrenze anwächst. Man kann den der Lichtmaschine entnommenen Strom durch einen anderen Regler zwar früher abdrosseln, so daß die Leistung der Lichtmaschine absinkt, man kann die Leistung aber nicht erhöhen. Zwar kann man durch einen anderen Regler dafür sorgen, daß der der Lichtmaschine entnommene Strom größer wird, aber dadurch wird die Lichtmaschine gefährdet, die Wicklung wird zu stark erhitzt und die Maschine »verbrennt« schließlich.

Wenn man der Lichtmaschine den für sie höchstmöglichen Strom entnehmen will, ohne sie zu gefährden, so muß man sogenannte Knickregler einbauen, die aber für die niedrigen Leistungen der Motorrad-Lichtmaschinen von durchschnittlich 60 Watt kaum mehr aufzutreiben sind.

Sogenannter Dreielement-Regler mit Stromspule, Spannungsspule und Rückstromschalter. Mit solch einem Regler läßt sich die Lichtmaschine in ihrer Leistungsfähigkeit vollkommen ausnutzen, ohne überlastet zu werden. Den fachgerechten Einbau eines solchen Reglers kann man in der Werkstatt allerdings meist nicht bezahlen.

Diese Knickregler verfügen über einen gesonderten Stromregler. Wenn der der Lichtmaschine entnommene Strom so stark ansteigt, daß diese gefährdet wird, schaltet der Stromregler die Lichtmaschine einfach kurzzeitig ab, er dreht sozusagen den »Stromhahn« zu.
Damit ein solcher Regler wirklich ausgenutzt wird, muß er zusammen mit der Lichtmaschine sauber eingestellt werden, und das geht über die Leistungsfähigkeit einer normalen Werkstatt weit hinaus.

Bei den Gleichstrom-Lichtmaschinen kann man den Anker mit der Ankerbefestigungsschraube abziehen, wenn man zuerst einen Stahlstift einsetzt. (Weiches Eisen taugt nichts, es biegt sich krumm und nachher sitzt der Eisenstift in der Kurbelwellenbohrung fest.

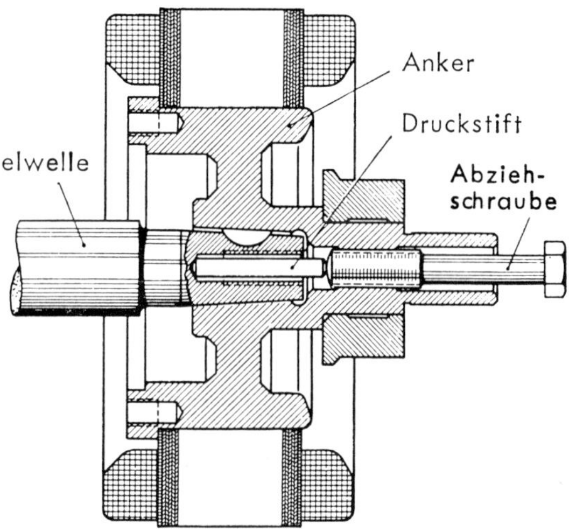

Wechselstrom-Lichtmaschinen

Im Grund sind sie nichts anderes als die bekannten Fahrraddynamos, allerdings steht bei ihnen die Wicklung fest und der Dauer- oder Permanentmagnet dreht sich um die Wicklung herum bzw. er kreist innerhalb derselben. (Wie schon zu Anfang des Buches im Abschnitt über die Induktion erwähnt, spielt das keine Rolle.)
Bei ganz einfachen Anlagen besteht die Wicklung nur aus e i n e r Spule auf einem lamellierten Eisenkern – einem einzigen Anker.

Hier muß diese Spule den gesamten Strombedarf für Scheinwerfer und die weiteren Stromverbraucher liefern, wobei sich diese »weiteren Verbraucher« fast immer auf die Schlußlicht-Glühlampe beschränken. Wie wir bei den Gleichstrom-Lichtmaschinen erwähnt haben, steigt bei ihnen die abgegebene Spannung – und damit der Strom – fast geradlinig mit der Motordrehzahl an, sofern die Anlage nicht durch einen Regler gesteuert wird. Wie aber ist das bei den Wechselstrom-Lichtmaschinen, die ja keinen Regler besitzen?
Hier müssen wir zuerst noch einmal auf den elektrischen Widerstand zurückkommen, den wir zu Anfang des Buches kurz besprochen hatten. Dort handelte es sich, genau gesagt, um den sogenannten Gleichstrom-Widerstand, der in einer elektrischen Leitung den Spannungsabfall bewirkt. Abgesehen vom Temperatureinfluß, der unerheblich ist, bleibt der Widerstand in einer Leitung gleich. Erinnern wir uns: Fließt in einem Widerstand von 1 Ohm ein Strom von 1 Ampere, frißt der Widerstand 1 Volt auf.
Angenommen, wir hätten einen Kupferdraht von 0,48 mm Durchmesser und 100 Meter Länge, so hätte dieser einen Widerstand von rund 1 Ohm. Würde man diesen Draht zu einer Spule aufwickeln, so hätte er bei Gleichstrom immer noch einen Widerstand von 1 Ohm; er wird als »Ohmscher Widerstand« bezeichnet.
Ganz anders wird es, wenn man Wechselstrom verwendet. Im ausgestreckten Draht setzt sich auch dem Wechselstrom der »Ohmsche Widerstand« entgegen, der Widerstand ist also immer noch 1 Ohm. Der zu einer Spule aufgewickelte Draht hat aber zusätzlich noch einen induktiven Widerstand, der von der Form der Spule und der Frequenz des Wechselstroms abhängig ist.

Die Frequenz

Auch wenn Sie diesen Begriff im Zusammenhang mit dem Motorrad noch nie gehört haben, so müssen wir doch kurz darauf eingehen, damit Sie sich ein ungefähres Bild davon machen können, warum man bei einer Wechselstrom-Lichtmaschine nur genau die vorgeschriebenen Glühlampenwerte verwenden darf.
Die Frequenz bezeichnet in der Elektrik die Schwingungszahl

pro Sekunde beim Wechselstrom. Wie schon einmal erwähnt, hat der Wechselstrom im Haushaltsnetz eine Schwingungszahl von 50 pro Sekunde. Die Frequenz hat, wie auch das Volt, das Ampere usw., eine Maßgröße; sie ist das »Hertz«. Statt 50 Schwingungen pro Sekunde sagt man einfach 50 Hertz. Diese Frequenz wird durch Drehzahl und Polzahl eines Stromerzeugers diktiert. Während der Haushalt-Wechselstrom eine Frequenz von 50 Hertz hat, verwendet man z. B. bei elektrischen Bahnanlagen eine Frequenz von 16²/₃ Hertz.
Erst durch die veränderliche Frequenz (durch Motordrehzahl und Magnetpolzahl im Schwungrad bzw. im Läufer) ist eine »Regelung« der Lichtmaschinenspannung bei Wechselstrom-Lichtmaschinen möglich. Bei gleichbleibender Spulenform ist der induktive Widerstand nur von der Frequenz des Wechselstroms abhängig; je höher die Frequenz, um so höher wird der induktive Widerstand! Der »induktive Widerstand« ist hierbei wesentlich größer als der »Ohmsche Widerstand«!
(Man kann den induktiven Widerstand berechnen, ihn aber nicht rechnerisch zum Ohmschen Widerstand addieren. Das muß zeichnerisch geschehen, aber das führt hier zu weit.)
Induziert man in der Lichtspule eine Spannung dadurch, daß man einen Magneten mit Nord- und Südpol in einer Sekunde zehnmal um die Spule herumdreht, so hätte man eine Frequenz von 10 Hertz (10 Umdrehungen pro Sekunde entsprechen einer Motordrehzahl von 600 U/min). Ordnet man in dem Schwungrad statt eines Magneten mit einem Nord- und Südpol drei Magnetpaare an (also sechs Magnetpole, wie es heute oft gebräuchlich ist), so steigt die Frequenz auf 30 Hertz. Und bei einer Motordrehzahl von 6000 U/min hätte man dann eine Frequenz von 300 Hertz.
Der induktive Widerstand steigt also mit der Magnetpolzahl und der Motordrehzahl!
Die in einer Spule erzeugte Spannung steigt bis zu mehr als 30 Volt an, wenn die Motordrehzahl erhöht wird und an der Spule kein Verbraucher angeschlossen ist.
Sobald man einen Verbraucher anschließt – z. B. die Scheinwerfer-Glühlampe –, so fließt der induzierte Strom auch durch

die Spule, in der die Spannung induziert wird. Zum Ohmschen Widerstand der Spule kommt der induktive Widerstand, der mit der Motordrehzahl größer wird.
Bei steigender Spannung (durch die Motordrehzahl bewirkt) wird der induktive Widerstand größer (ebenfalls durch die Motordrehzahl bewirkt), und der Strom durch die Glühlampe bleibt gleich.
Diese Behauptung ist etwas vereinfacht, denn in Wirklichkeit steigt die Spannung doch etwas an, aber längst nicht so stark, wie man auf Grund der Motordrehzahl-Erhöhung vermuten müßte. Die Wechselstrom-Lichtmaschinen sind vom Hersteller so ausgelegt, daß schon bei verhältnismäßig niedriger Motordrehzahl eine ausreichende Lampenspannung erzeugt wird, die Spannung dagegen bei hoher Motordrehzahl nicht so stark ansteigt, daß die Lampen gefährdet werden.

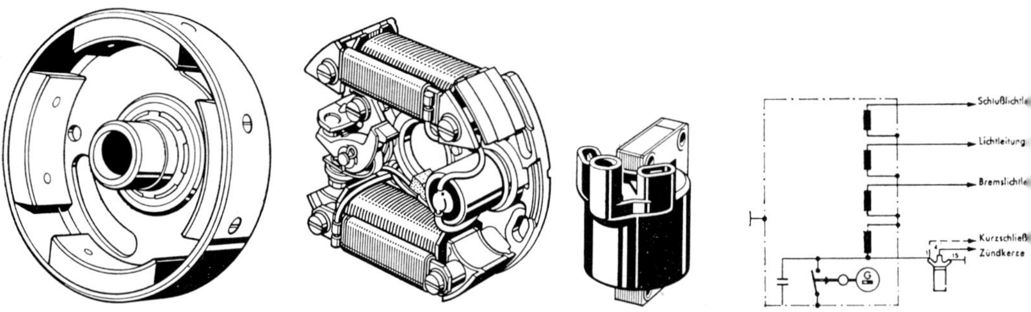

Bei diesem Schwunglichtmagnetzünder trägt die Grundplatte jeweils gesonderte Anker für die Zündspule, das Bremslicht, das Scheinwerferlicht und das Schlußlicht.

Bei Wechselstrom-Lichtmaschinen mit zwei Magnetpolen ist die »selbsttätige Regelung« – also der Unterschied zwischen der Lichtmaschinenspannung bei Leerlauf und der Lichtmaschinenspannung bei Motor-Höchstdrehzahl – längst nicht so gut wie bei einer Anlage mit sechs Magnetpolen. (Recht deutlich merkt man das bei einem Fahrraddynamo mit nur zwei Magnetpolen –

bei langsamer Fahrt ist das Licht noch ziemlich schlecht, und erst bei mittlerer Geschwindigkeit wird es ausreichend.)

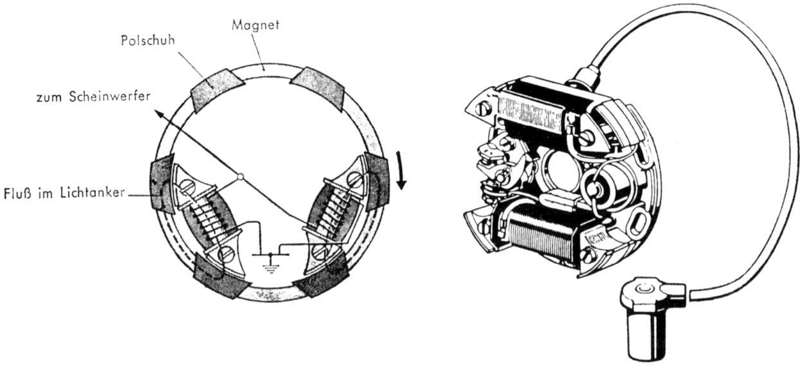

Links: Bei diesem Schwunglichtmagnetzünder sind zwar auch mehrere Lichtspulen vorgesehen, doch sind sie parallel geschaltet. Sie dienen also nicht der Versorgung von einzelnen Verbrauchern. Rechts: Grundplatte eines Schwunglichtmagnetzünders mit einem getrennten Generatoranker, der über den Zündanker angeordnet ist und zur Versorgung der Schlußlichtglühlampe dient.

Diese Wechselstrom-Lichtmaschinen setzen aber voraus, daß an den einzelnen Spulen stets die errechnete (oder gar keine) Nennlast liegt.
Ist eine Spule z. B. für 17 Watt ausgelegt, so kann man bei Nachtfahrt eine 15-Watt-Scheinwerfer-Glühlampe und eine 2-Watt-Schlußlicht-Glühlampe daran anschließen. Die beiden Glühlampen erhalten dann je nach Motordrehzahl eine Spannung zwischen etwa 6 und 7,5 Volt. Fällt die Schlußlicht-Glühlampe mit 2 Watt aus, so schadet das der Lebensdauer der Scheinwerfer-Glühlampe nicht wesentlich, die Mehrbelastung beträgt ja nur rund ein Achtel.
Ganz anders bei der Schlußlicht-Glühlampe; wenn hier die Scheinwerfer-Glühlampe ausfällt oder die Stromzuführung nur kurzzeitig unterbrochen ist, so erhält die Schlußlicht-Glühlampe etwa den achtfachen »Saft«. Dafür ist sie nicht ausgelegt und brennt durch. (Bei nicht einwandfreiem Abblendschalter kann das auch passieren, siehe den Abschnitt über die Schalter.)

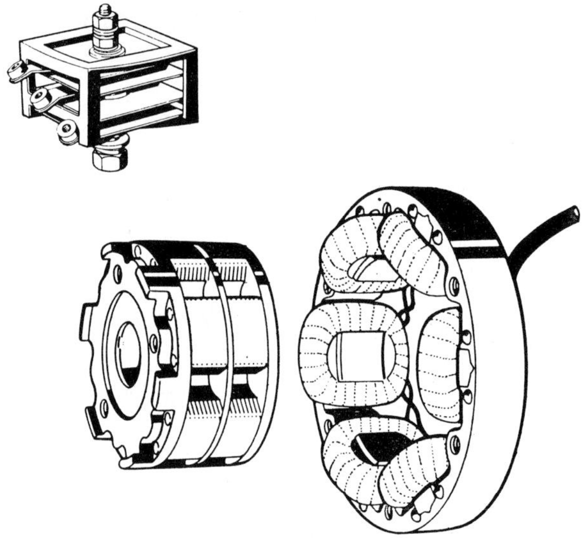

Bosch-Wechselstrom-Lichtmaschine mit außenliegenden Magnetspulen und darin umlaufenden Magnetläufer. Der gesamte Wechselstrom wird im links oben sichtbaren Gleichrichter gleichgerichtet.

Glühlampen abweichender Leistung im Scheinwerfer

Wie ist es nun, wenn man zum Beispiel an eine für 25 Watt ausgelegte Lichtspule eine 35-Watt-Glühlampe legt?
Durch den höheren Strom, den diese Glühlampe benötigt, wird im induktiven Widerstand der Lichtspule ein höherer Spannungsabfall bewirkt, die Glühlampe brennt nicht mit voller Leistung und bleibt dunkler als die 25-Watt-Glühlampe.
Und wenn man in eine 25-Watt-Anlage eine 15-Watt-Scheinwerfer-Glühlampe einsetzt? Die brennt wiederum durch, denn 10 Watt Differenz sind wesentlich mehr als das vorhin erwähnte Achtel. (Mit 23 oder 22 Watt käme man wohl so gerade noch hin, wenn man auf etwas Lebensdauer zugunsten eines helleren Lichtes verzichten würde, aber so »krumme« Werte gibt es nicht!)

Warum mehrere Lichtspulen?

Die meisten modernen Wechselstrom-Lichtmaschinen begnügen sich allerdings nicht mehr mit einer Lichtspule, sondern haben mehrere »Lichtanker« – mitunter sogar für jeden Verbraucher

einen besonderen Anker. So z. B. einen Anker für die Scheinwerfer-Glühlampe, einen Anker für das Schlußlicht und einen Anker für das Bremslicht. So hat jede Glühlampe ihren eigenen Anker und kann beim Ausfall einer anderen Glühlampe nicht durchbrennen.
Vielfach findet man auch einen gesonderten Ladeanker, von dem die Batterie über einen Gleichrichter geladen wird. Der Gleichstrom der Batterie wird z. B. für ein elektrisches Horn benötigt, denn Wechselstromhörner sind ja nur »Schnarren«. Auch für die Blinkanlage wird Gleichstrom benötigt, denn die allgemein verwendeten Blinkgeber arbeiten nur hiermit. (Zwar gibt es auch Wechselstrom-Blinkanlagen von der Firma Merit, doch diese sind bei uns nicht zulässig, da sie eine andere Blinkfrequenz haben als vorgeschrieben.)
Soll die Batterie aus den Lichtankern geladen werden – ist also kein getrennter Ladeanker vorhanden –, so wird ein Gleichrichter mit Drosselspule benötigt. Der induktive Widerstand der Drosselspule »frißt« dann bei Tagfahrt den überschüssigen Strom weg und begrenzt so den Ladestrom auf einen erträglichen Wert. Es hat keinen Zweck, wenn man bei nicht vorhandener Ladeeinrichtung einen für höhere Spannung ausgelegten Gleichrichter zwischen Lichtanker und Batterie legt, denn der Ladestrom wird viel zu hoch. Hier muß man ein Zusatzgerät verwenden, in dem Drosselspule, Gleichrichter und Sicherung zusammengefaßt sind, wie es von Bosch lieferbar ist.

Wechselstrom-Lichtmaschinen an englischen und japanischen Motorrädern

Während sich bei den meisten europäischen Motorrädern eine Wechselstrom-Lichtmaschine mit innenliegenden Ankerspulen und außen umlaufendem Magnetrad findet, haben englische Anlagen vielfach außenliegende Ankerspulen und einen darin umlaufenden Magnetläufer.
Diese Anlagen sind so ausgelegt, daß sie eine wesentlich höhere Leistung abgeben als die Schwunglichtanlagen. (Schließlich kommt man bei den Geschwindigkeiten der schweren englischen

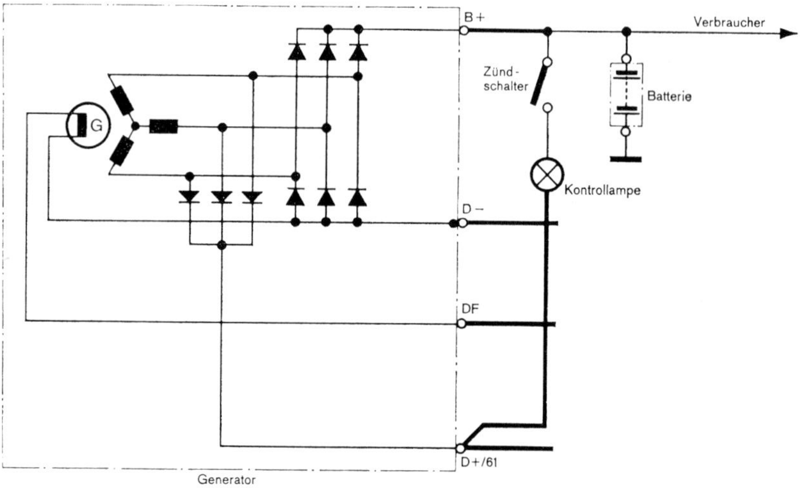

Obwohl die Stromerzeugung bei der Drehstrom-Lichtmaschine im Stator erfolgt, von dem drei Leitungen zu den Gleichrichtern führen, hat man am Ende doch nur eine Gleichspannung mit Plus- und Minusleitung.

Blinker usw. übernimmt. Im heutigen Stadtverkehr sind die Haltepausen ja so lang geworden, daß man auf zwei Drittel Fahrzeit ein Drittel Haltezeit rechnen kann. Im Leerlauf des Motors liefert

Ladesystem der Yamaha XS 1100.

Die Darstellung der Statorwicklungen ähnelt der Wechselstromanlage der Honda CB 450, es ist aber eine echte Drehstromanlage.

1 = IC-Spannungsregler mit Gleichrichter, 2 = Grün, 3 = braun, 4 = schwarz, 5 = schwarz, 6 = nicht belegt, 7 = weiß, 8 = weiß, 9 = weiß, 10 = rot, 11 = Hauptschalter, 12 = Last (Verbraucher), 13 = Sicherung, 14 = Batterie, 15 = Statorwicklung, 16 = Feldwicklung, 17 = Drehstromlichtmaschine.

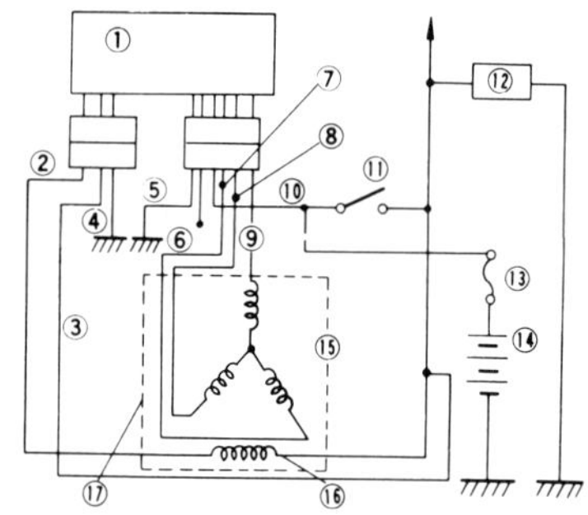

Diodenanordnung bei der Drehstromlichtmaschine der Yamaha XS 1100.

1 = Gleichrichter, 2 = rot, 3 = braun, 4 = IC-Spannungsregler, 5 = schwarz, 6 = grün, 7 = schwarz, 8 = weiß, 9 = weiß, 10 = weiß.

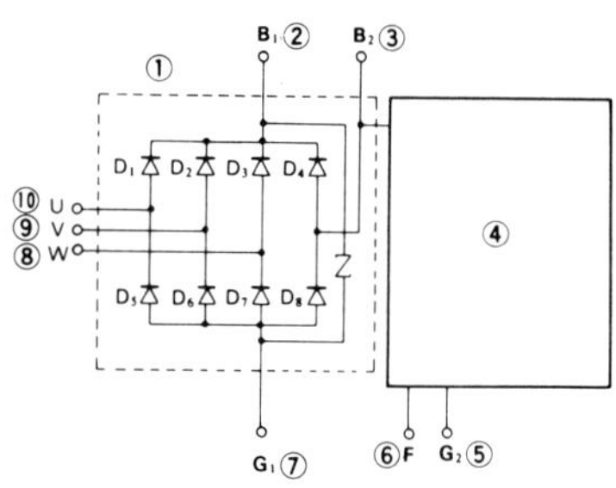

eine Gleichstrom-Lichtmaschine aber nicht einmal die Leistung für die eingeschalteten Stromverbraucher, geschweige denn einen Ladestrom für die Batterie. (Selbst dann nicht, wenn man den Motor etwas höher drehen läßt, so daß die Ladekontrollleuchte ausgeht. Was von ihr zu halten ist, haben wir ja im Abschnitt über die Ladekontrolle erzählt.)
Die Eigenschaft, unterhalb einer bestimmten Drehzahl keine ausreichende Leistung abzugeben, kann man der Gleichstrom-Lichtmaschine aber nicht abgewöhnen, sie ist technisch bedingt.
Eine Einphasen-Wechselstrom-Lichtmaschine könnte man notfalls so auslegen, daß der höhere Stromverbrauch während der Haltepausen nicht zu stark über die Batterie hergeht, wenn dieser nur der Stromverbrauch für die Blinkanlage und eventuell für die Bremsleuchte entnommen wird. Da die Blinkanlage bei einer Bordnetzspannung von 6 Volt aber mindestens 3 Ampere benötigt, kommt man mit der Batterie wieder in Bedrängnis, denn man müßte schon einen Dauerladestrom von 2 Ampere haben, wenn die Batterie nicht leer werden soll. Für eine 7- oder 14-Ah-Batterie ist dieser Ladestrom aber zu hoch.
Würde man die Wechselstrom-Lichtmaschine so bauen, daß sie bei der Leerlauf-Drehzahl schon die volle Leistung abgibt, dann würde die Spannung bei höheren Drehzahlen zu groß, denn ganz so zuverlässig, wie wir im »Wechselstrom-Lichtmaschinen«-Abschnitt darstellten, läßt sich die selbsttätige Regelung über einen weiten Drehzahlbereich nicht machen.
Ein Ausweg wäre die Regelung der Magnet-Feldstärke, wie es ja auch bei der Gleichstrom-Lichtmaschine geschieht. Etwas Ähnliches hat man bei der Drehstrom-Lichtmaschine auch gemacht, und so kann man vereinfacht sagen, daß sie eine Kreuzung zwischen Gleichstrom- und Wechselstrom-Lichtmaschine ist.
Blicken wir noch einmal zurück: Für die Stromerzeugung ist es gleichgültig, ob sich der Magnet oder die stromerzeugende Wicklung dreht. Ebenso gleichgültig ist es, ob sich der Magnet innerhalb oder außerhalb der stromerzeugenden Wicklung befindet (er kann auch seitlich von der Wicklung angeordnet sein). Zum Schluß spielt es auch keine Rolle, ob es sich um einen Dauer- oder einen Elektromagnet handelt.

Stromwicklung und Erregermagnet bei der Drehstrom-Lichtmaschine

Stellen wir uns eine feststehende außenliegende Stromwicklung wie bei den englischen Wechselstrom-Lichtmaschinen vor. Innerhalb dieser Wicklung dreht sich nun wieder der Magnet. Im vorliegenden Fall allerdings kein Dauermagnet, sondern ein Elektromagnet, dessen Erregerwicklung durch zwei Schleifringe der Gleichstrom zugeführt wird. Die Magnetstärke läßt sich nun durch Anheben oder Drosseln des Stroms in der Erregerwicklung vergrößern oder abschwächen, und so kann man die Höhe der in der Stromwicklung induzierten Spannung regeln.
Bei niedriger Motor- und Lichtmaschinendrehzahl verstärkt man das Magnetfeld, bei hoher Motor- und Lichtmaschinendrehzahl schwächt man es ab.

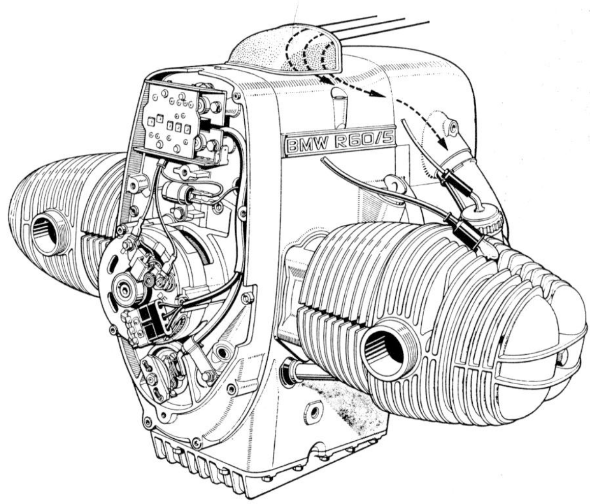

Die neuen BMW-Modelle haben eine Drehstrom-Lichtmaschine hoher Leistung. Die Drehstrom-Lichtmaschine sitzt auf der Kurbelwelle und die zur Gleichrichtung des Drehstroms erforderlichen Dioden sind auf einer Trägerplatte darüber untergebracht. Der Unterbrecher mit der Fliehkraftverstellung für die Batteriezündung sitzt auf der Nockenwelle.

In der Stromwicklung wird eine Wechselspannung hoher Stromstärke induziert, die man nun gleichrichten kann.
Den drehenden Elektromagnet bezeichnet man als Rotor, die feststehende Wicklung als Stator.

Da der Erregergleichstrom geringer ist als der Verbraucher-Wechselstrom, können die Schleifringe und die Kohlebürsten entsprechend schwächer dimensioniert werden. Das, was hier an der Statorwicklung zur Verfügung steht, wird – wie schon gesagt – auch als Einphasen-Wechselstrom bezeichnet; die korrekte Bezeichnung für eine derartige Lichtmaschine ist »Einphasen-Wechselstrom-Generator«. Der Spannungsverlauf des von einer derartigen Lichtmaschine abgegebenen Wechselstroms wird in der bekannten Sinuslinie dargestellt.

Bis jetzt ist die Sache noch recht übersichtlich, denn bisher haben wir das übliche Zweileiter-System.

Nun wird es aber etwas problematischer:

Ordnet man in einer Wechselstrom-Lichtmaschine (Wechselstrom-Generator) drei um 120° versetzte Wicklungen an, so wird der Generator besser ausgenutzt. Er kann drei Einphasen-Wechselströme abgeben. In diesem Fall spricht man von einem Dreiphasen-Wechselstrom, der auch als Drehstrom bezeichnet wird. Die drei von den Wicklungen abgegebenen Ströme sind zeitlich um 120° gegeneinander verschoben. Man könnte drei Sinuslinien zeichnen, die jeweils um 120° später beginnen. In der Praxis faßt man die drei Kurven aber in einer Darstellung zusammen.

Ein Einphasen-Wechselstrom benötigt für die Hin- und Rückleitung des Stromes ebenso zwei Leitungen wie ein Gleichstrom.

Bei einem Dreiphasen-Wechselstrom-Generator sind nun praktisch drei Einphasen-Wechselstrom-Generatoren in einem Aggregat zusammengefaßt. Jede der drei Wicklungen hat die Leistungsfähigkeit, die die Wicklung eines gleich großen Einphasen-Wechselstrom-Generators hat, man zieht lediglich den gleichen Magnetläufer heran, der dadurch aber keinen höheren Erregerstrom benötigt. Für die Fortleitung der von den drei Wicklungen gelieferten Verbraucher-Wechselströme müßte man eigentlich sechs Leitungen zur Verfügung haben, die jeweils den gleichen Querschnitt besitzen, den die Leitungen eines Einphasen-Wechselstrom-Generators aufweisen.

Bekanntlich verfügen Drehstrom-Anlagen aber meist nur über drei Leitungen. Diese drei Leitungen sind es, die das Ganze so verwirrend machen.

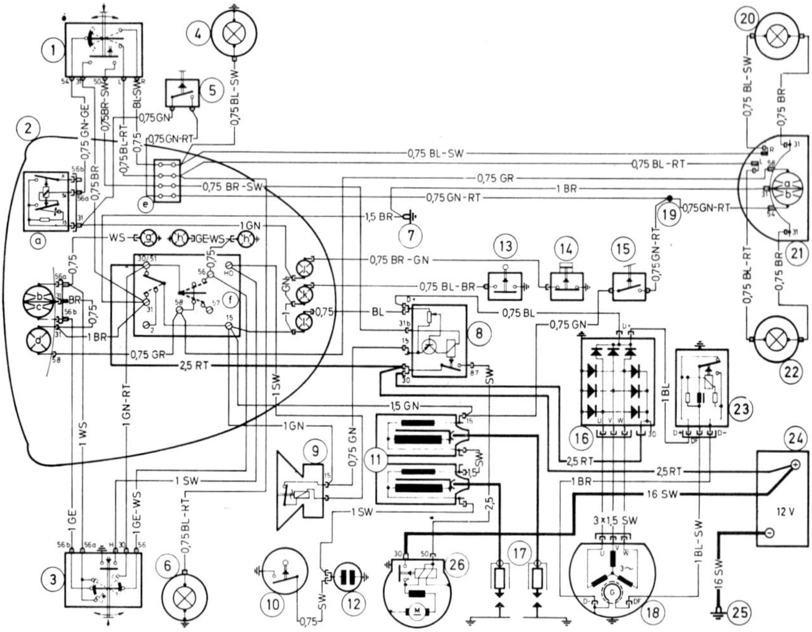

Schaltplan der BMW R 50/60/75-5

1 = Blinker-Schalter, 2 = Scheinwerfer, a Blinkgeber, b Fernlicht, c Abblendlicht, d Standlicht, e Leitungsverbinder, f Zünd-Licht-Schalter, g Fernlicht-Kontrolle (blau), h Instrumentenbeleuchtung, j Öldruck-Kontrolle (orange), k Leerlauf-Kontrolle (grün), l Lade-Kontrolle (rot), 3 = Abblend-Schalter, 4 = Blinkleuchte vorn rechts, 5 = Handbremslicht-Schalter, 6 = Blinkleuchte vorn links 7 = Masse am Rahmen bei Zündspulen, 8 = Relais für Anlaßwiederholsperre, 9 = Signalhorn, 10 = Zündunterbrecher, 11 = Zündspulen, 12 = Kondensator, 13 = Leerlaufkontroll-Schalter, 14 = Öldruck-Schalter, 15 = Fußbremslicht-Schalter, 16 = Diodenträger, 17 = Zündkerzen mit Stecker, 18 = Drehstromgenerator, 19 = Verbindungsstelle im Kabelbaum, 20 = Blinkleuchte hinten rechts, 21 = Heckleuchte, a Schluß- und Kennzeichenleuchte, b Bremslicht, 22 = Blinkleuchte hinten links, 23 = Spannungsregler, 24 = Batterie, 25 = Masse am Getriebedeckel, 26 = Anlasser.
Kennzeichnung:
BL = blau, BR = braun, GE = gelb, GR = grau, GN = grün, RT = rot, SW = schwarz, WS = weiß

(Drei der insgesamt sechs Leitungen für die drei Wicklungen entfallen, da die Wicklungen an ihrem einen Ende miteinander verbunden sind. Hier heben sich die Ströme gegeneinander auf, aber eine eingehende Erklärung führt zu weit.)
Die noch vorhandenen drei Leitungen werden zu insgesamt sechs Dioden geführt, in denen eine sogenannte Vollweggleichrichtung erfolgt. Obwohl die elektrische Energie zur Stromerzeugung in drei Wicklungen gewonnen wird und drei Leitungen bis zu den Gleichrichtern erforderlich sind, sind nach der Gleichrichtung nur

noch zwei Leitungen vorhanden; die Plus- und Minus-Leitung. Das eigentliche Bordnetz des Fahrzeuges ist also, wie üblich, zweipolig ausgeführt.
Wie bei Gleichstromlichtmaschinen führt man der Erregerwicklung einen von einem Regler gesteuerten Gleichstrom zu.
Der in den Wicklungen erzeugte Drehstrom wird durch eingebaute luftgekühlte Gleichrichter (Silizium-Dioden) innerhalb der Maschine gleichgerichtet und kann an den Klemmen der Lichtmaschine als Gleichstrom entnommen werden. Aus diesem Grund spricht man auch von kollektorlosen Gleichstrom-Lichtmaschinen.
Die kollektorlosen Gleichstrom-Lichtmaschinen bzw. die Alternatoren mit eingebauten Gleichrichterelementen unterscheiden sich hinsichtlich der Art des gelieferten Stroms nicht von den herkömmlichen Gleichstrom-Lichtmaschinen. Es wird in beiden Fällen ein Gleichstrom abgegeben, dessen Spannungshöhe konstant gehalten wird. Im Gegensatz zu den bisher üblichen Gleichstrom-Lichtmaschinen steht der Strom gleichbleibender Spannung bei den kollektorlosen Gleichstrom-Lichtmaschinen und Alternatoren aber schon bei wesentlich geringeren Lichtmaschinen-Drehzahlen zur Verfügung.
Nun erhebt sich natürlich die Frage, warum man derartige Drehstrom-Lichtmaschinen nicht allgemein verwendet. Nun, sie haben einen schwerwiegenden Nachteil: Sie sind wesentlich teurer als herkömmliche Gleichstrom- oder Wechselstrom-Lichtmaschinen. Wenn man soviel Geld ausgibt, wie die neueren BMW-Typen kosten, dann kann man allerdings etwas erwarten, bei der Lichtmaschine heißt das: 220 Watt maximal! (Selbst mit heizbaren Hüftgürteln und Lenkgriffen sind die nicht zu verbrauchen.)

Die Batterie

Die im Motorrad verwendeten Batterien waren noch vor rund 10 Jahren eine Quelle ständigen Ärgernisses. Wenn das heute nicht mehr so in Erscheinung tritt, dann liegt das nicht an den besser gewordenen Batterien, sondern daran, daß sie bei den heutigen Maschinen keine ausschlaggebende Rolle mehr spielen. Die Mehrzahl der Motorräder vor zehn bis fünfzehn Jahren hatten noch eine Gleichstrom-Lichtmaschine mit Batteriezündung. Ohne bzw. mit verschlampter Batterie konnte man diese Maschinen kaum zum Laufen bringen, und deshalb war der Batterie-Ärger an der Tagesordnung.
Die heutigen Motorräder haben vielfach einen Magnetzündergenerator (vorzugsweise Kleinkrafträder), bei dem die Batterie nur das Horn und die Blinker zu versorgen hat. Hier ist die Bleibatterie oft durch einen wartungsfreien NC-Akku (Nickel-Cadmium-Batterie) ersetzt. Größere Maschinen besitzen meist einen leistungsfähigen Wechselstrom- oder Drehstrom-Generator. Da diese Maschinen vielfach mit einem Anlasser ausgerüstet sind, ist natürlich eine Bleibatterie stärkerer Kapazität erforderlich.
(Eine Gleichstrom-Lichtmaschine wie sie früher bei fast allen Motorrädern üblich war, findet sich heute z. B. noch bei den MZ-Typen.)

Wie arbeitet die Bleibatterie?

Es ist im Rahmen dieses Buches unmöglich, ausführlich auf Aufbau und Funktion einzugehen, aber wenigstens die wichtigsten Dinge sollen gesagt werden:
So ein Bleiakkumulator – das ist die »fachgerechte« Bezeichnung – besteht im einfachsten Fall aus zwei verschiedenen Bleiplatten, die voneinander isoliert in einem Kasten eingesetzt sind, der mit einem Elektrolyt – der Batteriesäure – gefüllt ist. Die

Platten dieser Batteriezelle bestehen jedoch nicht aus reinem Blei, wie vielfach angenommen wird, sondern aus Bleigittern, die mit der sogenannten aktiven Masse (gemahlenem Blei und Bleiverbindungen) gefüllt sind. Hierdurch wird erreicht, daß die Batteriesäure durch die Poren der Bleifüllung auch in das Platten-Innere gelangen kann, so daß man eine möglichst große aktive Oberfläche der Platten erhält.
Eine Batteriezelle besteht, wie gesagt, im einfachsten Fall aus zwei Platten. Diese Batteriezelle gibt eine Spannung von 2 Volt ab. Um nun auf die normal gebräuchliche Spannung von 6 oder 12 Volt zu kommen, muß man drei bzw. sechs Zellen hintereinanderschalten. Hierbei wird jeweils der Plus-Pol der einen Zelle mit dem Minus-Pol der nächsten Zelle verbunden. Bei drei Zellen bleibt der Pluspol der einen äußeren Zelle zum Anschluß frei sowie der Minuspol der anderen äußeren Zelle.

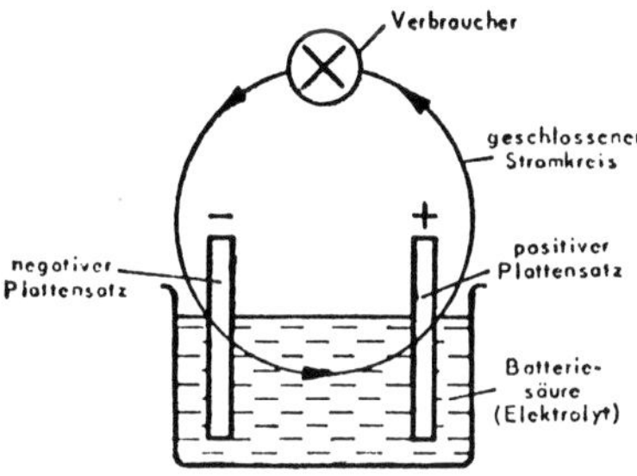

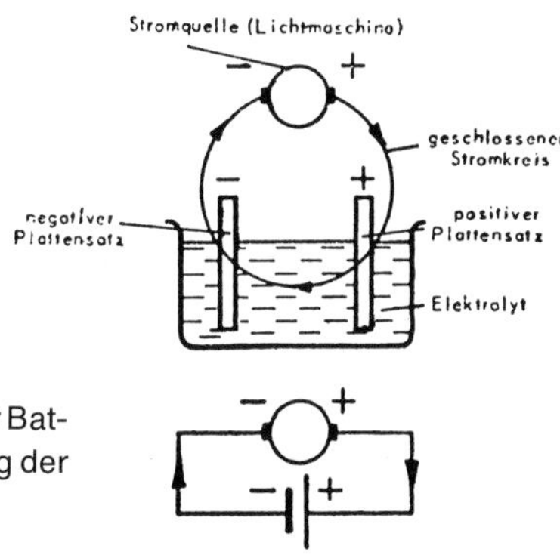

Links: Der Stromkreislauf bei Entladung der Batterie. Rechts: Der Stromkreislauf bei Ladung der Batterie durch die Lichtmaschine.

Verbindet man die Klemmen einer Batterie mit einem Stromverbraucher, so fließt ein Strom vom Pluspol über den Verbraucher zum Minuspol. Nun kann ein Strom aber nur dann fließen, wenn ein geschlossener Stromkreis vorhanden ist. Außerhalb der Batterie fließt der Strom vom Pluspol durch den Verbraucher zum Minuspol und innerhalb der Batterie vom Minus- zum Pluspol. Da zwischen den Minus- und Plus-Platten der Batterie keine metallische Verbindung besteht, muß diese Aufgabe von der Batteriesäure übernommen werden. Sie ist also elektrisch leitend. Die

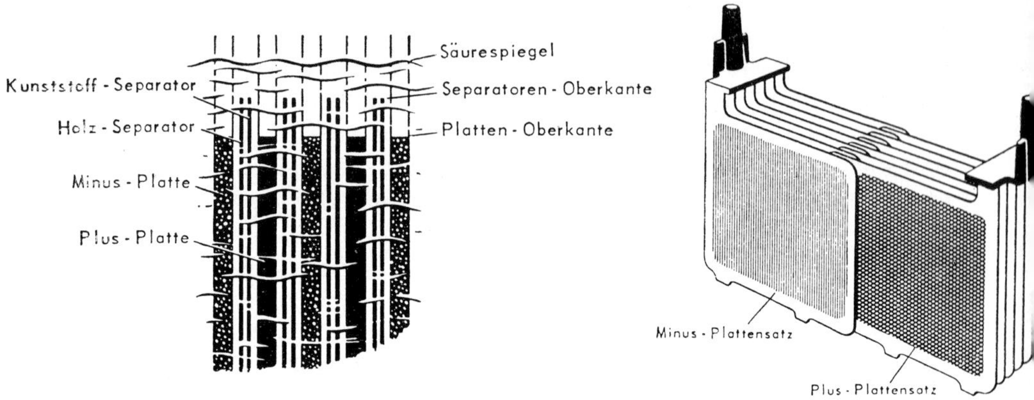

Links: Positive und negative Platten sind durch Separatoren getrennt, und der Säurespiegel liegt je nach Batterietyp 5—10 mm über der Separatorenoberkante. Rechts: Minus- und Plus-Plattensatz der Batterie werden ineinander eingeschoben und dann durch die Separatoren getrennt.

verdünnte Batteriesäure ist in sogenannte positiv und negativ geladene Ionen aufgespalten und besteht aus chemisch reiner verdünnter Schwefelsäure, deren chemische Formel H_2SO_4 ist. In wäßriger Lösung spalten sich die Schwefelsäure-Moleküle in positiv geladene Wasserstoff-Ionen und negativ geladene Säurerest-Ionen. Die Stromleitung durch diese Ionen bezeichnet man als Elektrolyse und die den Strom leitende Flüssigkeit sinngemäß als Elektrolyt. Die Metallplatten – in diesem Fall Bleiplatten – sind die Elektroden.

Batterieladung

Bei der Batterieladung – die bekanntlich nur mit Gleichstrom erfolgen kann, wobei der Pluspol der Batterie mit dem Pluspol der Ladestromquelle und der Minuspol der Batterie mit dem Minuspol der Ladestromquelle verbunden wird – erfolgt die Stromleitung in der Batteriesäure so, daß die positiven Wasserstoff-Ionen zum negativen Plattensatz wandern, die negativen Säurerest-Ionen dagegen zum positiven Plattensatz. An den Platten geben die Ionen ihre elektrische Ladung ab und besorgen so den Stromtransport.

Ist die Batterie entladen, so sind sowohl die Plus- wie auch die Minus-Platten zu Bleisulfat ($PbSO_4$) umgebildet. Bei der Ladung der Batterie formt das zur Minusplatte wandernde Wasserstoff-Ion das weiße Bleisulfat in Blei und Schwefelsäure um. Die Schwefelsäure zerfällt sofort wieder in positiv geladene Wasserstoff-Ionen und negativ geladene Säurerest-Ionen. Die Platten erhalten dabei die dunkelgraue Farbe des reinen Bleies (Pb). An der Plusplatte formt der Säurerest das Bleisulfat zu dunkelbraunem Bleioxyd (PbO_2) um, wobei zwei Wasser-Moleküle (H_2O) verbraucht und zwei Schwefelsäure-Moleküle (H_2SO_4) gebildet werden. Hierdurch nimmt die Konzentration der Batteriesäure zu und die Säuredichte steigt an, was ein Zeichen für die geladene Batterie ist.

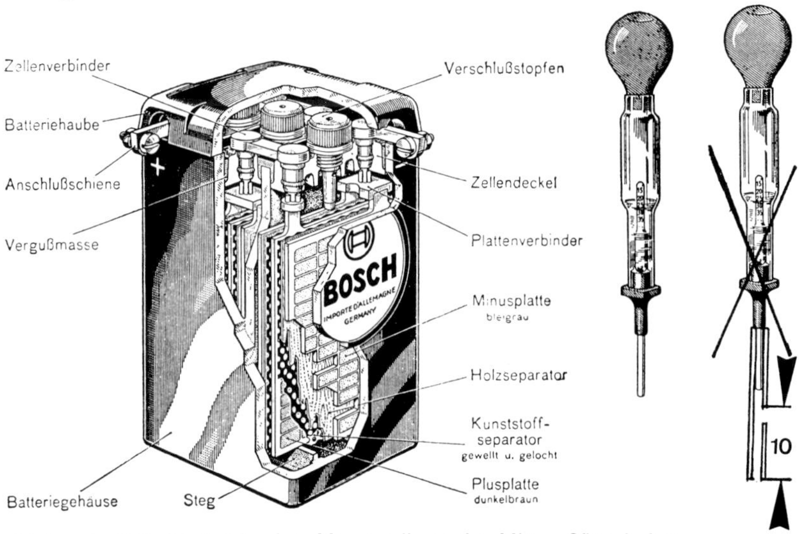

Links: Teilschnitt durch eine Motorradbatterie. Mitte: Säureheber zum Prüfen der Batteriedichte. Rechts: Gelegentlich wird das Absaugen eines zu hohen Säurestandes durch einen angebohrten Schlauch auf dem Säureprüfermundstück empfohlen. Hierbei wird ganz vergessen, daß damit auch die vorgeschriebene Säuredichte der Batterie geringer wird.

Entladung der Batterie

Die in der Batterie aufgespeicherte Energie kann in Form von Gleichstrom wieder entnommen werden. Hierbei fließt der Strom

vom Pluspol der Batterie über den Verbraucher zum Minuspol zurück. Innerhalb der Batterie fließt er, wie bereits gesagt, vom Minuspol zum Pluspol.
Bei diesem Stromtransport gelangen die negativen Säurerest-Ionen zu der Minusplatte, geben dort ihre Ladung ab und bilden mit dem Blei Bleisulfat. Die positiven Wasserstoff-Ionen wandern zu der Plusplatte und wandeln das Bleioxyd unter Verbrauch von Schwefelsäure in Bleisulfat um, wobei Wasser gebildet wird. Hierdurch nimmt die Konzentration der Batteriesäure ab. Die Säuredichte und damit die Spannung der Batterie sinkt ab.

Soll bei Fahrzeugen mit Schwunglichtzünder ohne Ladeanker eine Batterie angebaut und aus dem Lichtanker geladen werden, so ist ein Zusatzladegerät erforderlich. In diesem sind Drossel, Gleichrichter und Sicherung zusammengefaßt.

Batterien in Benutzung

Neue Batterien werden heute größtenteils „vorformiert" geliefert. Hierbei sind die Platten schon vom Werk aus geladen und anschließend ist die Batterie durch Spülen von der Schwefelsäure gereinigt und getrocknet worden.
Diese Batterien können schon eine Viertelstunde nach Füllung mit der Schwefelsäure in das Fahrzeug eingebaut werden. Allerdings sollte die Maschine hierbei nach spätestens zwölf Stunden mehrere Stunden gefahren werden, damit die Batterie von der Fahrzeuganlage aufgeladen wird.

Sofern die Batterie in einer Maschine betrieben wird, die zuerst nur im Kurzstreckenverkehr läuft, sollte sie nach spätestens 14 Tagen an einem Ladegerät voll aufgeladen werden.
Ist die Batterie erst einmal in Betrieb genommen, so muß sie regelmäßig überprüft und »gepflegt« werden. Hierzu muß man mindestens alle vier Wochen die Höhe des Säurespiegels überprüfen, was besonders in der warmen Jahreszeit sehr wichtig ist, da durch die Verdunstung Wasser aus der Batteriesäure verlorengeht. Auch bei zu hoch eingestellten Reglern von Gleichstrom-Lichtmaschinen wird ein sogenanntes »Kochen« der Batterie bewirkt, wobei Wasser verlorengeht. (Es entweicht allerdings nicht in Form von Wasserdampf, sondern als Wasserstoff und Sauerstoff.)

Der Säurestand der Batterie

In der Bedienungsanleitung des Motorrades bzw. der Batterie heißt es meist: »Der Säurestand der Batterie soll spätestens alle 5000 km oder wenigstens einmal im Monat kontrolliert werden. Er soll dabei etwa 3 mm über der Oberkante der Separatoren bzw. 6 mm über der Bleiplattenoberkante liegen oder bis zur sichtbaren Niveaumarkierung reichen. Bei zu niedrigem Säurestand muß destilliertes Wasser nachgefüllt werden, auf keinen Fall Batteriesäure.«
So oder ähnlich findet sich dieser Hinweis überall. Nun ist das nicht grundsätzlich falsch, aber doch nur mit Einschränkungen richtig.
Weiter vorn haben wir gesagt, daß bei der Entladung Schwefelsäure verbraucht und Wasser gebildet wird, wodurch die Konzentration der Batteriesäure sinkt.
Aus dieser Bemerkung – die sich in ähnlicher Form auch in Batterie-Druckschriften findet, könnte man entnehmen, daß bei der Entladung der Batterie der Säurestand ansteigt.
»Wasser wird frei und die Säuredichte sinkt ab« heißt aber nicht, daß der Säurestand ansteigt. Es hört sich etwas merkwürdig an, obwohl die Batteriesäure einer entladenen Batterie wäßriger wird, sinkt der Säurestand. In den entladenen Platten der Batterie wird nämlich wesentlich mehr Schwefelsäure gebunden,

als Wasser frei wird. Liegt der Säurestand einer weitgehend entladenen Batterie unter der Oberkante der Separatoren, so wird er nach dem Aufladen der Batterie wieder auf den normalen Stand ansteigen.
Bei der Entladung der Batterie wird volumenmäßig etwa dreimal soviel Schwefelsäure in den Platten gebunden, wie Wasser frei wird. Umgekehrt wird bei der Ladung etwa dreimal soviel Schwefelsäure frei, wie Wasser gebunden wird.
Also:
Man darf den Säurestand der Batterie nur dann mit destilliertem Wasser auf die vorgeschriebene Höhe bringen, wenn die Batterie geladen ist. Bei einer entladenen Batterie füllt man höchstens so viel destilliertes Wasser ein, daß die Bleiplatten soeben von der Batteriesäure bedeckt sind.

Kontrolle der Batterieladung

Eine korrekte Prüfung des Ladezustandes läßt sich mit einem Säureheber vornehmen. Da der Säurestand bei verdunstetem Wasser oder entladener Batterie meist aber unter der Oberkante der Separatoren liegt, kann man die Batteriesäure nur bei schräg liegender Batterie zur Prüfung absaugen, wozu man sie im allgemeinen ausbauen muß. (Die handelsüblichen Säureprüfer, die für Wagenbatterien verwendet werden, nehmen zuviel Säure auf und sind deshalb für Motorrad-Batterien kaum geeignet. Man muß schon einen kleinen Säureprüfer verwenden.) Die Kontrolle mit dem Säureprüfer ist aber nur dann zuverlässig, wenn die Batterie mit korrekter Mischung aus Schwefelsäure und destilliertem Wasser gefüllt ist. Man darf also nicht messen, wenn versehentlich mal zuviel Wasser nachgefüllt wurde.
Ein Absaugen des zu hohen Säurestands bei versehentlich zu großer Nachfüllung von destilliertem Wasser taugt nichts! Hierbei wird ja auch Schwefelsäure abgesaugt, und das Mischungsverhältnis von Schwefelsäure und Wasser wird falsch. Gerade bei den kleinen Motorradbatterien muß man mit dem Einfüllen von destilliertem Wasser sehr vorsichtig sein, damit man des Guten nicht zuviel tut!

Der Ladezustand

Die sicherste Methode, um den Ladezustand der Batterie zu prüfen, ist das Messen der Säuredichte mit einem Säureprüfer. Er kostet etwa DM 5.–. Die in den Katalogen der Versandhäuser angebotenen Säureprüfer sind für Motorräder denkbar schlecht geeignet, da sie meist ein zu großes Fassungsvermögen haben und man gar nicht soviel Batteriesäure aus der kleinen Motorradbatterie entnehmen kann. Die im Säureprüfer untergebrachte Spindel muß nämlich in der angesaugten Batteriesäure frei schwimmen. In diese Spindel ist eine Papierskala eingelassen, die das spezifische Gewicht der Batteriesäure in Zahlen angibt, und außerdem ist die Skala noch in Farbfelder unterteilt. Sie zeigen von unten nach oben an:

weißes Feld = Säuredichte zu hoch,
gelbes Feld = Batterie voll geladen,
blaues Feld = Batterie halb geladen,
rotes Feld = Batterie entladen.

Die Lebensdauer der Batterie

Es ist ein Irrtum, anzunehmen, daß die Batterie ebenso lange halten müßte, wie die Maschine selbst. Die Lebensdauer einer Bleibatterie beträgt im allgemeinen kaum zwei Jahre. (Wagen-Batterien werden meist etwas älter, denn sie werden besser gepflegt und mechanisch nicht so hoch beansprucht.)
Wenn die Zellendeckel einer Batterie an den Pluspolköpfen hochgedrückt sind, so sind die Tage der Batterie gezählt. Dieses Hochdrücken der Batterie-Oberfläche an den Pluspolköpfen erfolgt durch das Zerfallen der Plusplatten.
An den Pluspolen von Batterien findet man häufig sogenannte »Blumenkohle«, das sind die bläulich-grünlich-gelblichen Ausblühungen. Sie entstehen dann, wenn die Verbleiung der Anschlußschrauben nicht mehr einwandfrei ist und Batteriesäure oder Batteriedämpfe (z. B. wenn die Vergußmasse an der Poldurchführung nicht mehr ganz in Ordnung ist) an diese gelangen

können. Es genügt schon, wenn die Verbleiung der Schrauben durch einen Schraubenschlüssel oder Schraubenzieher leicht beschädigt wurde. Das Übel ist dann nicht mehr aufzuhalten. Dann hilft auch das Abbürsten der Ausblühungen und das Einfetten der Polköpfe nichts mehr. Man muß neue Schrauben verwenden, doch diese müssen einwandfrei verbleit sein. (Normale Stahlschrauben, ob verzinkt oder verkadmiert, sind nicht brauchbar!) Beim Einsetzen der neuen Schrauben muß man darauf achten, daß die meist recht dünne Bleischicht nicht durch das Abrutschen des Werkzeugs beschädigt wird.
Vor dem Einsetzen der neuen Schrauben werden der Batterie-Polkopf und der Kabelschuh der Leitung sorgfältig in reinem Wasser gewaschen, bis sämtliche Korrosionsspuren verschwunden sind. Nach dem Anklemmen der Leitung wird die fertige Verbindung gut eingefettet. Sofern man richtiges Polschutzfett zur Verfügung hat, fettet man die Teile auch vor der Montage ein. (Bei unbekannter Fettqualität ist das nicht ratsam.)

Die Batteriekapazität

Die Angabe erfolgt in Ah – in Amperestunden. Das heißt, man kann einer 4,5-Ah-Batterie etwa zwanzig Stunden lang einen Strom von 0,225 Ampere entnehmen, also eine 1,5-Watt-Glühlampe anschließen. (Die Kapazitätsangabe wird nämlich auf eine zwanzigstündige Entladung bezogen; das sieht dann so aus, als hätte die Batterie eine recht große Kapazität – ein großes Fassungsvermögen.) Wird der entnommene Strom stärker, so sinkt die Batteriekapazität; je stärker der entnommene Strom, desto kleiner ist die Kapazität.

Laden am Ladegerät

Batterien dürfen niemals längere Zeit unbenutzt sein, da sie dann durch Selbstentladung eingehen.
Ausgebaute Batterien sollen nun aber nicht bei einer Tankstelle an den Schnellader gehängt, sondern mit geringer Stromstärke an einem Heimlader geladen werden. Der Ladestrom sollte etwa

1/10 der Batteriekapazität nicht überschreiten, bei 4,5-Ah-Batterien also ca. 0,4 Ampere betragen, bei 7-Ah-Batterien ca. 0,7 Ampere usw. Ladegeräte für derartige Stromstärken sind nicht allzu teuer.
Zwar geben die im Handel erhältlichen Ladegeräte meist einen höheren Ladestrom ab (etwa 2–3 Ampere), aber das ist immer noch besser als die Ladung mit etwa 3–4 Ampere in einer Werkstatt, in der die Motorradbatterien meist mit einer Autobatterie hintereinandergeschaltet am Ladegerät hängen.
Um den Ladestrom eines Kleinladers weiter herabzusetzen, braucht man keinen besonderen Vorwiderstand, sondern man legt einfach den Glühfaden einer asymmetrischen Biluxlampe (6 V) in eine der Zuleitungen zur Batterie. Damit hat man den Ladestrom schon ausreichend gedrosselt. (Solche Glühlampen mit einem defekten Glühfaden läßt man sich in einer Werkstatt schenken.)
Wenn die Batterie »gast« – also Gasblasen aufsteigen –, ist sie geladen. Den Ladezustand kann man dann noch mit dem Säureheber überprüfen.
Passen Sie auf, daß beim Arbeiten mit dem Säureheber keine Spritzer auf Kleidungsstücke oder Möbel kommen – Batteriesäure frißt Löcher!
Auch sollen Sie die Beobachtung beim Gasen der Batterie nicht mit der Zigarette im Mund vornehmen, denn das bei der Ladung entstehende Wasserstoff- und Sauerstoffgas verbindet sich zu explosivem Knallgas. Zwar wird Ihre Wohnung bei einer evtl. Explosion nicht in die Luft gehen, es genügt aber schon, wenn's die Batterie zerreißt und die Batteriesäure durch die Gegend fliegt!
Während der Ladung schraubt man zweckmäßig die Verschlußstopfen heraus, wobei das bei geringen Ladeströmen eigentlich nicht nötig ist. (Bei der Ladung im Motorrad sind die Stopfen ja auch aufgeschraubt.)

Kann eine Batterie einfrieren?

Da gibt es Industrie-Druckschriften, in denen es heißt: »Eine gefrorene Batterie gibt nur wenig Strom ab, leidet im allgemeinen

So kann eine Batterie gefrieren und gesprengt werden, wenn die Säuredichte zu sehr absinkt.

aber auch keinen Schaden, da gefrorene Akkumulatorensäure gallertartig ist und keine nennenswerte Sprengwirkung hat. Die Batterie arbeitet nach dem Auftauen wieder einwandfrei. Sie kann in gefrorenem Zustand aber nicht geladen werden, weil der Elektrolyt zu den Zellenöffnungen herausschäumt.«

		Batterie	
Säurewerte	**voll**	halbvoll	**leer**
Dichte bei + 20° bis 27° C g/cm³	1,28	1,20	1,12
Gefrierpunkt° C	–65	–27	–11

Auch in vielen Büchern über Autoelektrik ist das zu lesen, doch es gilt nur mit Einschränkungen.

Da sich eine nicht in Betrieb befindliche Batterie im Lauf der Zeit selbst entlädt – sie verliert täglich etwa 1/2 bis 1 % ihrer Kapazität –, sinkt die Dichte der Batteriesäure. In etwa drei

Monaten hat sich die Batterie praktisch selbst entladen, sie ist leer.

Nach obiger Tabelle müßte die Batteriesäure also noch einen Gefrierpunkt von –11° C haben, soll dabei aber gallertartig sein, so daß die Batterie nicht gesprengt werden kann.

Nun, das mag stimmen oder auch nicht, ich kann nur von einem soeben erlebten Fall berichten:

Während des Winters wurde ein Wagenmotor selbst noch bei Temperaturen von –10° C einwandfrei von der Batterie durchgedreht, die Batterie kann also unmöglich in einem sehr schlechten Zustand gewesen sein. Der Wagen stand nun gerade einen Monat im Winter auf der Straße und wurde nicht benutzt. Nach Adam Riese hätte die Batterie danach noch nicht leer sein und die Batteriesäure nicht gefrieren dürfen.

Als der Wagen wieder benutzt werden sollte, war die Batterie gesprengt, der Batteriekasten war seitlich ausgebrochen und die Batteriesäure war zu Eis gefroren und sichtbar!

Nach Auftauen der Batterie wurde die Batteriesäure aufgefangen und deren Dichte nachgemessen. Sie betrug nur noch 1,03, war also durch die Selbstentladung (innerhalb eines Monats!) fast zu reinem Wasser geworden. Eine tief entladene Batterie kann also doch gefrieren, d. h. der Batteriekasten kann gesprengt werden, gleichgültig, was sonst darüber geschrieben wird!

Die Moral von der Geschicht:

Im Winter darf man die eingebaute Batterie keinesfalls längere Zeit dem Frost aussetzen, wenn man z. B. mit der Straßenbahn zur Arbeit fährt! Nur wenn man ganz sicher ist, daß die Batterie voll geladen ist – die mit dem Säureheber gemessene Dichte muß also bei 1,28 liegen –, darf man die Batterie einige Wochen dem Frost aussetzen. Trotzdem ist es besser – wenn die Maschine z. B. im Garten abgestellt wird –, die Batterie auszubauen und mit in die Wohnung zu nehmen.

Natürlich sollte sie hier spätestens jeden Monat – z. B. mit einer angeschlossenen 5-Watt-Glühlampe – langsam tief entladen und anschließend wieder aufgeladen werden.

Die Nickel-Cadmium-Batterie

Neben den serienmäßig verwendeten Bleibatterien gibt es noch sogenannte Nickel-Cadmium-Batterien, die häufig auch als Nickel-Stahlbatterien oder bloß als Nickel-Batterien bezeichnet werden. Während die Bleibatterien eine normale Lebensdauer von höchstens zwei Jahren haben (wenn eine Motorrad-Bleibatterie drei Jahre alt wird, dann ist das schon ein biblisches Alter), hat die Nickelbatterie eine fast unbegrenzte Lebensdauer. Der Hauptnachteil der Nickelbatterie: Sie ist wesentlich teurer als die Bleibatterie und wird deshalb serienmäßig fast nie eingebaut. Sofern man eine alte Motorradbatterie ersetzen muß und sich nun überlegt, ob man anstelle einer neuen Bleibatterie nicht vielleicht zu einer Nickel-Batterie greifen soll, muß man allerdings bedenken, daß derartige Nickel-Batterien nicht in der flachen Ausführung erhältlich sind, die die meisten heutigen Motorrad-Batterien haben. Sie haben die Größe der früher viel verwendeten 7-Ah-Motorradbatterien. Der nachträgliche Einbau verlangt also u. U. einige Bastelarbeit.
Abgesehen von diesen Äußerlichkeiten hat die Nickelbatterie auch eine andere Zusammenstellung der Zellen. Während die Bleibatterie drei Zellen mit je 2 Volt hat, besitzt die Nickelbatterie fünf Zellen mit je 1,2 V. Die Ladespannung der Lichtmaschine soll rund 1 Volt höher sein als für die Bleibatterie.
Bei Motorrädern mit Gleichstrom-Lichtmaschine kann man das durch Verändern der Reglereinstellung erreichen, doch gehört hierzu schon eine etwas eingehendere Kenntnis der ganzen Elektrik. Bei einer Maschine mit den kleinen 4,5-Ah-Batterien und Wechselstrom-Lichtanlagen lohnt sich der Aufwand nicht.
Da der Umfang dieses Buches naturgemäß beschränkt ist, muß man sich über Spezialfälle ohnehin zusätzlich informieren, und da kommt wieder die im Vorwort gestellte Frage: Lesen Sie die Zeitschrift »Das Motorrad«?
In Kleinausführung finden sich Nickel-Cadmium-Batterien bei Kleinkrafträdern. Sie sind wartungsfrei. Bei neuen Fahrzeugen sind sie noch nicht geladen, die Ladung erfolgt sofort bei Inbetriebnahme des Fahrzeugs durch Dioden, die den vom Magnetzün-

der-Generator gelieferten Wechselstrom gleichrichten – zu pflegen gibt es bei diesen Batterien nichts.

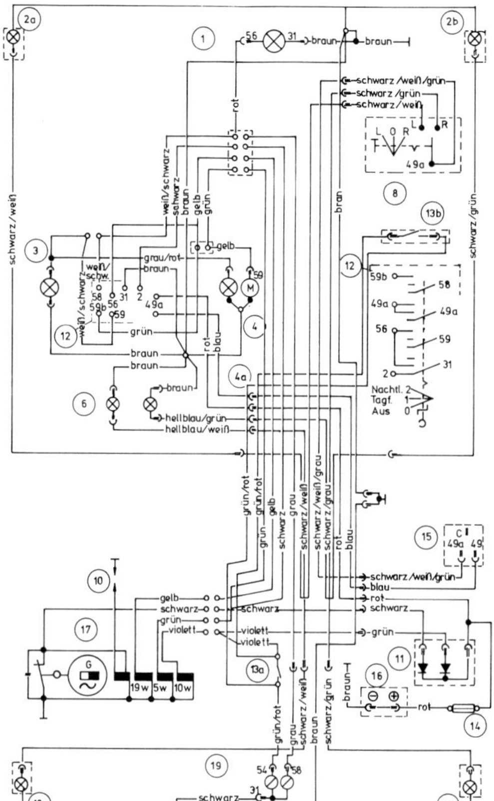

Schaltplan der Kreidler RMC-S-5-Gang.

Hier wird ein NC-Akku (16) als Stromspeicher eingesetzt.

1 = Scheinwerfer (Glühlampe 6 V, 15 W), 2 a und 2 b = Blinker vorn links und rechts, 3 = Tachometer, 4 = Drehzahlmesser, 4a = Massestützpunkt, 6 = Signalleuchten für Blinker, 8 = Blinkerschalter, 10 = Zündkerzen, 11 Gleichrichter, 12 = Zünd-Lichtschalter, 13 a und 13 b = Bremslichtschalter vorn und hinten, 14 = Sicherung 8 A, 15 = Blinkgeber, 16 = NC-Trockenakku 6 V, 17 = Magnetzündergenerator, 18 a und 18 b = Blinker hinten links und rechts, 19 = Schluß-, Brems-, Kennzeichen-Leuchte.

Die Verbraucher

Verbindungswege

Stromquellen und Verbraucher sind bekanntlich durch elektrische Leitungen verbunden. Während die Verbraucher im elektrischen Haushaltsnetz durch eine zweiadrige Verbindung mit der Steckdose in Verbindung stehen (sehen wir einmal von der sogenannten Schutz- oder Nulleitung ab, die nur die Aufgabe hat, ein Gerät zu erden, so daß es bei einem Körperschluß berührungssicher ist), gibt es beim Motorrad nur e i n e aus Draht bestehende Verbindungsleitung. Nun muß ein elektrisches Gerät zu seiner Funktion aber — vereinfacht ausgedrückt — eine Hin- und eine Rückleitung haben. Während die Hinleitung — die Plusverbindung — durch einen isolierten Draht gebildet wird, dient als Rückleitung die gesamte »Masse« des Motorrades. Darunter muß man dann den Rahmen, den Motor sowie die Kotflügel verstehen.

Während die Masse — also die elektrische Rückleitung — durchwegs aus Stahl oder Eisen besteht, verwendet man für die Zuleitung die teureren Kupferleitungen. Das hat seinen Grund darin, daß die Metalle unterschiedlich »stromfreundlich« sind, was man auch als Leitfähigkeit bezeichnet. Nach Silber ist Kupfer der »stromfreundlichste« Leiter. Eisen ist hingegen für die Stromleitung direkt »stur«, denn eine Leitung aus Eisen, die den Strom ebenso gut leiten würde wie eine Leitung aus Kupfer, müßte etwa einen achtmal größeren Querschnitt haben. Statt eine Kupferleitung von 1 mm Durchmesser zu verlegen, könnte man auch eine Eisenleitung von fast 3 mm Durchmesser verwenden. Eisen hat aber noch die unangenehme Eigenschaft, daß es sich nicht so gut verarbeiten läßt wie Kupfer; man kann es z. B. wesentlich schwieriger löten. Nun ist die Durchschnittsfläche des Rahmens oder der Kotflügel sehr viel größer, als ein

Eisendraht sein müßte, der eine Kupferleitung vollwertig ersetzt, und von diesem Standpunkt aus könnte man keine Einwendungen gegen die aus Eisen bestehenden Stromrückleitungen – die Masse – machen.

Immer dort, wo die Stromverbraucher an die Masse-Rückleitung (Rahmen oder Kotflügel) angeschlossen werden, gibt es aber Ärger, da an diesen Verbindungsstellen der früher oder später auftretende Rost den Stromübergang erschwert. Die »Eindrahtstromführung« ist also gar nicht so vernünftig, wie man glauben könnte.

Ein weiterer ärgerlicher Punkt ist der Stromübergang über die Lenkungslager zur Gabel, an der ja der Scheinwerfer sitzt. Da die Scheinwerferglühlampe eine ziemlich hohe Stromaufnahme hat – bei einer 6-Volt-Anlage und einer Glühlampe von 35 Watt sind es rund 6 Ampere –, können die Lenkungslager schon einen gewissen Spannungsabfall bewirken. Auch die Bowdenzüge von der Kupplung zum Lenker und vom Vergaser zum Lenker, die natürlich gleichfalls Masse führen, machen da »den Kohl nicht fett«.

In den meisten Fällen ist der Minuspol der Batterie mit Masse verbunden (man spricht dann von »Minus an Masse«), doch kann auch der Pluspol der Batterie an Masse liegen (»Plus an Masse«), wie es z. B. für manche Jawas (und auch einige Engländer) zutrifft.

An der Funktion der elektrischen Anlage ändert sich dadurch nichts, doch muß man es beim Anschließen der Batterie berücksichtigen.

Ausreichende Zuleitungen

Wenn man schon die Masse-Rückleitung nur durch laufende Kontrolle der Befestigungspunkte am Rahmen und den Kotflügeln beeinflussen kann, so sollte man doch wenigstens zusehen, daß die »Hinleitung« keinen zusätzlichen Spannungsabfall bewirkt. Für die verschiedenen Leitungen sind bestimmte Normquerschnitte vorgeschrieben, damit ein unzulässiger Spannungsabfall und eine unzulässige Erwärmung vermieden werden.

Bei 6-Volt-Anlagen darf der Spannungsabfall in den Leitungen nach den Normvorschriften 0,4 Volt betragen, bei den Leitungen für 12-Volt-Anlagen dagegen 0,8 Volt. Lichtmaschinen- und Anlasserleitungen machen hier eine Ausnahme, denn die Lichtmaschinenleitung darf bei 6 Volt nur einen Spannungsabfall von 0,15 Volt haben, bei 12 Volt von 0,3. Die Anlasserleitung darf bei 6 Volt einen Spannungsabfall von 0,25 Volt, bei 12 Volt einen solchen von 0,5 Volt aufweisen.

Für Autos hatte man die nachstehenden Leitungsquerschnitte genormt. 0,5 mm^2 für gering belastete Leitungen, z. B. von Kennzeichen-, Schluß- und Kontrolleuchten; 0,75 mm^2 für mäßig belastete Leitungen, z. B. von Brems-Schlußleuchten, Zündanlagen; 1 mm^2 z. B. für Fahrtrichtungsanzeiger (Blinker); 1,5 mm^2 für Scheinwerfer-Einzelleitungen und Horn bis 6 Ampere; 4—25 mm^2 für Ladeleitungen (je nach Nennleistung der Lichtmaschine); 16—96 mm^2 für Anlasserleitung (je nach Anlasserleistung).

Da die Lichtmaschinen der Motorräder meist sehr viel schwächer sind als die der Wagen, kann die Ladeleitung hier einen Querschnitt bis herunter zu 1,5 mm^2 haben.

Beim Kauf von elektrischen Leitungen kann man sich natürlich mit dem Querschnitt begnügen, der gerade noch ausreicht, doch der Preisunterschied zwischen einem dünnen und einer etwas dickeren Leitung ist nicht wesentlich.

Da man beim Ersetzen einer Leitung oder beim zusätzlichen Verlegen einer solchen nicht so geizig zu sein braucht wie der Fahrzeughersteller, verlegt man grundsätzlich alle Leitungen in 1,5 mm^2 Querschnitt. Für die Ladeleitung von der Klemme B+ des Reglers zur Batterie, von der Batterie zum Zündschloß, verlegt man sogar besser 2,5 mm^2 Querschnitt. Eigentlich sollte man das auch für die Leitungen von Scheinwerfern zum Abblendschalter machen, doch hier wird man Platzärger an den Anschlußstellen des Schalters bekommen.

(Bei Motorrädern mit elektrischem Anlasser müssen die Zuleitungen natürlich in einem noch stärkeren Querschnitt ausgeführt werden, und wenn man hier einmal etwas ersetzen muß bzw. wenn man den Verdacht auf eine zu dünne Leitung hat, verlegt man den nächstgrößeren Querschnitt.)

Der Kupferquerschnitt einer Leitung errechnet sich nach der Formel:

$$F = \frac{d^2 . \pi}{4}$$

Beim Kauf von elektrischen Leitungen verlangt man im Zubehörgeschäft oder in der Autoelektrowerkstatt einfach »soundsoviel Meter 1,5- oder 2,5-Quadrat-Leitung«. Damit man auch feststellen kann, ob man das Richtige erhalten hat, nachstehend die Aufstellung für den Zusammenhang zwischen Leiterquerschnitt und Durchmesser.

Kunststoffisolierte Leitungen

Leiterquerschnitt		Drahtdurchmesser	Isolierungsdurchmesser
0,5 mm²		1,0 mm	2,0–2,3 mm
	oder	1,2 mm	2,2–2,5 mm
0,75 mm²		1,2 mm	2,2–2,5 mm
	oder	1,4 mm	2,4–2,7 mm
1,00 mm²		1,4 mm	2,4–2,7 mm
	oder	1,6 mm	2,6–2,9 mm
1,5 mm²		1,7 mm	2,7–3,0 mm
2,5 mm²		2,2 mm	3,3–3,7 mm
4 mm²		2,8 mm	4,0–4,5 mm
6 mm²		3,4 mm	4,6–5,1 mm
10 mm²		4,3 mm	5,8–6,4 mm
16 mm²		5,6 mm	7,1–7,7 mm

Die Anschlüsse der Leitungen

Sind die Leitungen in einer Klemme durch eine Schraube festgehalten (z. B. am Zündschloß), so sind die abisolierten Kupferleitungen entweder verzinnt oder mit einer sogenannten Ader-Endhülse überzogen. Natürlich kann man dle abisolierten Leitungen auch verdrillen und so in die Klemme einschieben, doch spreizt sich bestimmt eine Kupferader weg, die dann u. U. zu einem Kurzschluß führen kann. Abgesehen davon ist das Verfahren ohnehin nicht »fein«, so daß man erneuerte oder nachträglich eingezogene Leitungen am Ende verzinnt oder mit der erwähnten Ader-Endhülse versieht. (Die Beschaffung dieser Ader-Endhülsen ist meist sehr unerfreulich, denn im Zubehörladen erhält man sie natürlich nur in größeren Mengen. Vielleicht kennen Sie aber einen Autoelektriker, der Ihnen ein paar Stück überläßt.)

Die Steckverbinder

Auch an Motorrädern findet man heute Flach- oder Rundsteck-Verbindungen, und hier hat man es nicht mehr so einfach wie beim Anklemmen einer Leitung in einer Schraubklemme. (Leitungen mit Steckverbindern lassen sich schneller und einfacher herstellen als gelötete Verbindungen, und das ist in der Serienfertigung natürlich ein entscheidender Punkt.)
In der Industrie werden die Flach- oder Rundstecker durch Maschinen an die Leitungen angeschlagen oder -gepreßt, und elektrische Geräte werden vom Hersteller direkt mit Flachsteckzungen oder Rundstecker ausgerüstet.
Leider muß man eine am Stecker abgebrochene Leitung oder eine neu zu ziehende Leitung in derartigen Fällen mit einer Steckhülse versehen, und hierzu braucht man wieder ein neues Werkzeug. Zwar kann man sich die Leitungen in der Werkstatt mit isolierten Steckhülsen versehen lassen, doch ist das eine ärgerliche Lauferei. Es gibt auch Leitungsverbinderkästen, die eine Unzahl Stecker, Steckhülsen und Kabelschuhe in isolierter Ausführung enthalten, sowie die dazu erforderliche Quetschzange, doch sind diese für uns viel zu teuer.
Wesentlich billiger ist die Verwendung von blanken Steckverbindern, die natürlich fest auf die abisolierten Leitungen aufgequetscht werden müssen. Zwar kann man das Anquetschen notfalls auch mit einer Wasserpumpenzange vornehmen (wenn es gar nicht anders geht, sogar mit einer Kombizange), doch taugt diese Art des Anquetschens nur als Notbehelf. Der

Klemmanschlüsse von Leitungen. Auf die rechte abisolierte Leitung ist eine Ader-Endhülse zum Teil aufgesteckt. Bei der daneben eingeklemmten Leitung drückt die Schraube direkt auf die einzelnen Kupferadern, daneben eine verdrillte und verzinnte Leitung. Klemm- oder Madenschrauben sollten an ihrer Unterseite abgerundet und möglichst so ausgeführt sein, wie die untere Madenschraube zeigt.

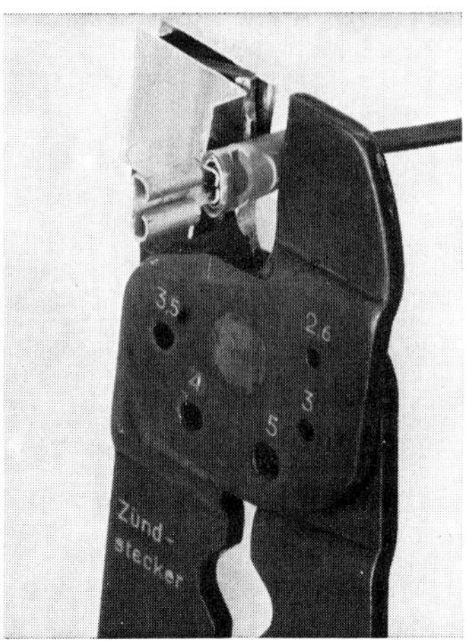

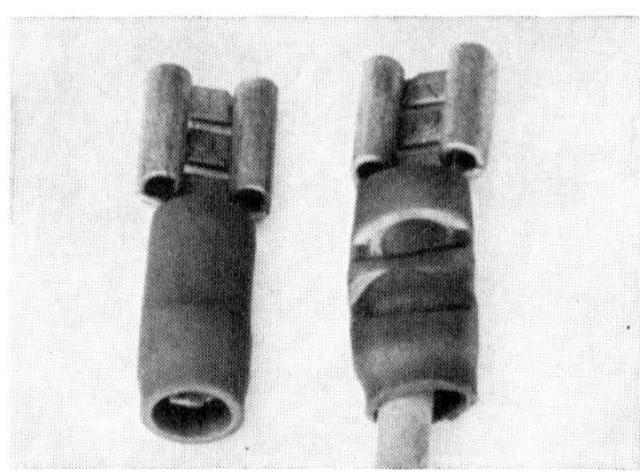

Oben: Zwei isolierte Flachsteckhülsen, links vor dem Quetschen, rechts danach.

Links: Eine Quetschzange für isolierte Steckverbinder.

Quetschdruck ist hierbei nämlich viel zu klein, denn mit derartigen Zangen hat man nur eine ungenügende Hebelübersetzung. Die nicht ausreichende Quetschung der Leitung in dem Steckverbinder bewirkt nicht nur einen schlechten Stromübergang, sondern die Leitung rutscht schon beim geringsten Zug aus dem Steckverbinder.
(Wenn man Steckhülsen vom Stecker abziehen will, dann nicht durch Zug an der Leitung, sondern durch vorsichtiges Ansetzen einer Zange am Steckverbinder.)

Der Isolierschlauch

Sollen mehrere Leitungen gemeinsam verlegt werden, wie das beim Motorrad ja vielfach der Fall ist (z. B. vom Motor zum Scheinwerfer), so führt man die Leitungen in einem Isolierschlauch (auch Bougierrohr genannt). Solchen Isolierschlauch erhält man in verschiedenen Durchmessern in Autoelektrowerkstätten und Zubehörläden. Natürlich sieht es sehr fein aus, wenn der Isolierschlauch nicht um die Leitungen herumschlackert, aber zu enger Isolierschlauch läßt sich nur schlecht verarbeiten. Um mehrere Leitungen gemeinsam einzuziehen, zieht man zuerst eine Leitung mit abisoliertem Ende in den Schlauch und verdrillt diese Leitung mit den abisolierten Enden der einzuziehenden Einzelleitungen. Die Einzelleitung wird nun durch den Schlauch gezogen, und der Strang der zusammengefaßten Leitungen wird nachgeschoben.
Sehr elegant läßt sich ein sogenannter Schrumpfschlauch verarbeiten. Er hat eine größere Weite, so daß sich die Leitungen leicht durchziehen lassen. Anschließend wird der Schlauch erwärmt, wodurch er sich zusammenzieht und die Leitungen fest umschließt.

Schalter und Druckknöpfe

Die beim Motorrad verwendeten Schalter und Druckknöpfe haben durchweg zu schwache Kontakte, da sie ja meist in Mini-Ausführung gehalten werden. Das gilt vor allem für Schalter am

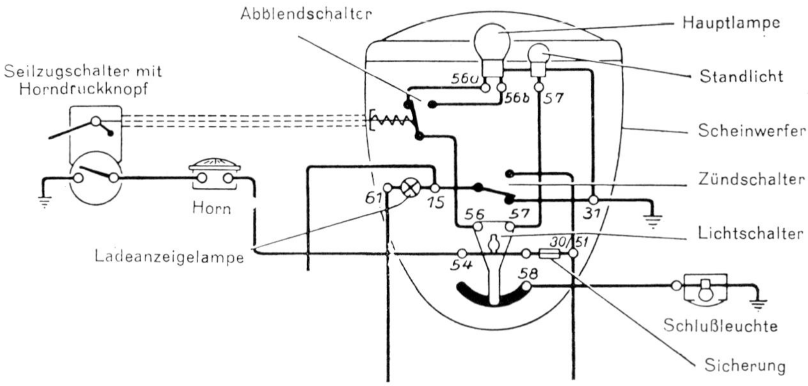

Seilzugschalter am Lenker haben den Vorteil, daß der im Scheinwerfer angeordnete Abblendschalter mit stärkeren Kontakten ausgerüstet werden kann. Derartige Abblendschalter sind allerdings heute kaum noch anzutreffen.

Lenker. Besonders der Abblendschalter, der den Stromwechsel vom Fernlicht zum Abblendfaden übernehmen muß, ist meist sehr unterernährt. (Früher gab es einmal einen Abblendschalter, der im Scheinwerfer selbst untergebracht war und dort über einen Bowdenzug von einem kleinen Hebel am Lenker aus betätigt wurde. Bei dieser Ausführung hatte der Schalter zwar ausreichende Kontaktflächen, doch war der Industrie dieser Aufwand wohl zu hoch, so daß man auf den am Lenker sitzenden Abblendschalter kam.)
Da die elektrischen Schalter den Strom schlagartig unterbrechen oder umschalten müssen, steht der bewegliche Kontakt unter Federspannung. (Das schlagartige Ein-, Aus- und Umschalten ist nötig, um einen Kontaktabbrand zu vermeiden.) Wenn diese Feder nicht mehr einwandfrei ist, wird der bewegliche Kontakt nur unzureichend an den festen Kontakt gedrückt, und es ergibt sich ein unzureichender Stromübergang und damit ein Spannungsabfall.
Motorräder mit Schwunglichtanlagen sind hinsichtlich des Abblendschalters meist besonders anspruchsvoll. Sofern die Schlußlichtlampe nicht aus einer besonderen Generatorspule

gespeist wird, sondern an der gleichen Lichtspule wie die »Biluxlampe« hängt, bewirkt ein mangelhafter Abblendschalter einen ziemlichen Verbrauch an Schlußlichtlampen. Beim Umschalten der »Biluxlampe« von Fern- auf Abblendlicht bzw. umgekehrt müssen die beiden Glühfäden der »Biluxlampe« gleichzeitig eingeschaltet sein, damit während der kurzzeitigen Umschaltpause nicht der ganze Lichtmaschinenstrom zur Schlußlichtlampe fließt, die dann durchbrennt. Der Abblendschalter hat aus diesem Grund einen Schleppkontakt. Bei häufig durchbrennenden Schlußlichtlampen ist der Fehler zuerst im Abblendschalter zu suchen.

So wie die elektrischen Leitungen einen bestimmten Querschnitt für einen bestimmten Strom haben müssen, so müssen die Schalterkontakte eine entsprechende Größe haben. Je stärker der Strom ist, der durch einen Schalter ein- oder ausgeschaltet wird, desto stärker müssen die Schalterkontakte sein.

(Beim Schalterersatz sollte man sich vom Zubehörhändler die Kataloge von »Hella«, »Bosch« und »Merit« zeigen lassen, vielleicht findet man hier etwas Besseres als das Original-Ersatzteil.)

So wird die Oberfläche eines zu schwach bemessenen Schalterkontakts durch den Stromübergang angefressen. (Bilder stark vergrößert, die Schalterkontakte haben in Wirklichkeit einen Durchmesser von etwa 3 mm.)

Die Schalter-»Vergrößerung«

Zu klein geratene Schalter am Lenker kann man durch ein sogenanntes Relais ersetzen. So kann man ein nichtausreichendes Scheinwerferlicht vielfach dadurch verbessern, daß man ein Umschaltrelais für die Zweifadenlampe im Scheinwerfer anordnet und nur den Steuerstrom für dieses Relais durch den am Lenker sitzenden Abblendschalter liefert. Diese Anordnung ist vor allem dann zu empfehlen, wenn man z. B. einen Scheinwerfer mit einer Biluxlampe von 45/40 W durch einen Halogen-Scheinwerfer ersetzt, dessen Halogenlampe 60/55 W aufnimmt. (Übrigens ist der Name »Bilux« der Firma Osram geschützt, aber das System wird mittlerweile ganz allgemein so genannt, obwohl die Zweifadenlampen anderer Glühlampenhersteller einen anderen Markennamen tragen.)

Die Lichthupe

Die Lichthupe – bei Autos schon lange eine serienmäßige Einrichtung – findet sich beim Motorrad nur selten. Zur Betätigung derselben muß man einen Druckknopf mit zwei isolierten Anschlüssen verwenden, doch ist ein solcher meist nicht einfach aufzutreiben. Durch ein sogenanntes Arbeitsstromrelais kann man die Lichthupe aber auch mit einem normalen Horndruckknopf einschalten, der eine Steuerleitung an Masse legt.

Das Relais

Während der Name mehr als grausig ist, ist das Ding an sich ganz einfach. Man könnte auch Fernschalter zu der Einrichtung sagen, aber damit hätten die Nicht-Elektriker nicht mehr die nötige Hochachtung davor.

Das oder die Relais (sprich Reläh) wird hauptsächlich dann verwendet, wenn elektrische Einrichtungen, wie Hörner, Scheinwerfer usw., einen hohen Stromverbrauch haben. Der hohe Stromverbrauch verlangt dicke elektrische Leitungen vom Verbraucher zum Schalter sowie Schalter mit starken Kontakten, die viel Platz einnehmen und sich schlecht anbringen lassen.

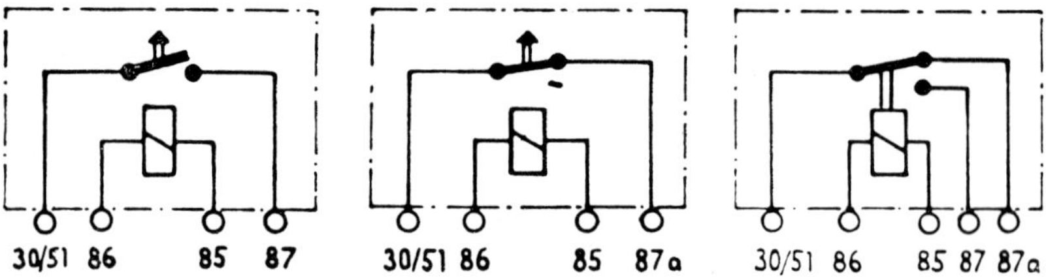

Die Schaltbilder der gebräuchlichsten Relais. Links Arbeitsstromrelais (Schließer), Mitte Ruhestromrelais (Öffner), rechts Umschaltrelais (Wechsler).

Verwendet man dünnere Leitungen und schwächere Schalter, so ergibt sich ein Spannungsabfall auf dem Weg zum Stromverbraucher, auf gut deutsch – der Stromverbraucher arbeitet nicht mit voller Leistung.

Mit einem Relais wird eine elektrische Installation zwar etwas aufwendiger, doch kommt wenigstens die volle Spannung zum Verbraucher.

Derartige Relais lassen sich auch am Motorrad zur Vermeidung des Spannungsabfalls einbauen. Man verwendet sie z. B. als »Anlasserschalter« (dann führt der eigentliche Anlasserdruckknopf am Lenker nur noch den schwachen Steuerstrom für das Relais), man kann sie zum Umschalten der Biluxlampe heranziehen (wobei allerdings räumlich kleinere Relais verwendet werden müssen, sofern man sie in den Scheinwerfer einbauen will), aber auch zur Betätigung der Lichthupe lassen sie sich verwenden.

Bei der Verwendung eines Arbeitsstrom-Relais kann man den Fernlichtfaden der Biluxlampe auch dann als Lichthupe einsetzen, wenn man nur einen einpoligen Hupenknopf zur Verfügung hat und einen Hupenknopf mit zwei isolierten Anschlüssen nicht auftreiben kann.

In solch einem Fall wird der sogenannten Steuerwicklung des Relais an der Klemme 86 Plus zugeführt, die Klemme 85 des Relais wird zum Horndruckknopf gelegt. An Klemme 30/51 des Relais kommt ebenfalls eine Pluszuführung, und von Klemme 87 des Relais wird eine Leitung zum Fernlichtfaden der Biluxlampe gelegt. Durch Drücken des Horndruckknopfs erhält die Steuerwicklung des Relais Masse, der Magnetkern zieht den Relaisanker an und gibt so die Pluszuführung zum Fernlichtfaden frei.

Nach neuer Norm ist:

87 = Relaiskontakteingang bei Öffner und Wechsler
87a = Relaiskontaktausgang bei Öffner und Wechsler
88 = Relaiskontakteingang bei Schließer
88a = Relaiskontaktausgang bei Schließer und Wechsler

Da man hierfür schon ein Relais vorsehen muß, nimmt man zweckmäßig auch ein zweites, so daß man die Stromzuführung zu den Glühfäden der Biluxlampe über die Relais bewirkt. Die dünnen Leitungen zum Abblendschalter und der Abblendschalter mit seinen schwachen Schalterkontakten am Lenker führen dann nur noch den Steuerstrom für die Relais, und das Licht wird wesentlich besser.

Hier läßt sich auch ein Schrittrelais einsetzen, das durch einen Druckknopf gesteuert wird und zwischen Fern- und Abblendlicht umschaltet.

Innenaufbau eines Arbeitsstromrelais. Wird die Magnetwicklung M von Strom durchflossen, so zieht der Magnetkern den Anker A an und die Kontakte K schließen sich. Hört der Stromfluß in der Magnetwicklung auf, so wird der Anker durch die Feder F vom Magnetkern abgezogen und die Kontakte öffnen sich. Rechts: Derartige Kleinrelais scheinen gut für den Einbau in Motorradscheinwerfer geeignet zu sein. Auf schlechter Fahrbahn haben sie aber keine einwandfreie Kontaktgabe; die Kontaktträger schwingen, denn die Rückstellkraft der Feder ist zu klein.

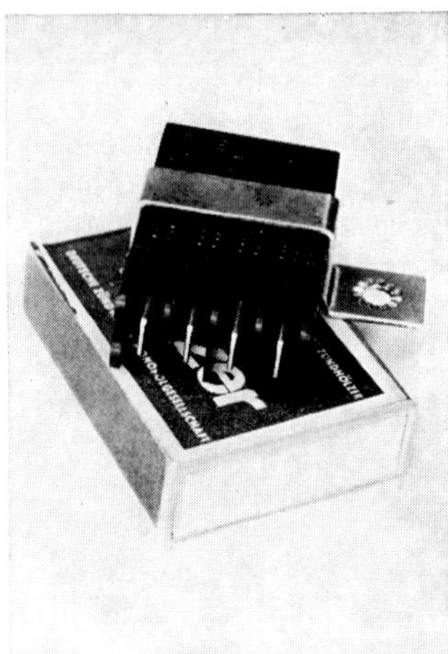

Klemmenbezeichnungen und Symbole

Um Arbeiten an der elektrischen Anlage schnell durchführen zu können, sollte man wenigstens die wichtigsten Klemmenbezeichnungen und elektrischen Symbole oder Schaltzeichen kennen. Natürlich kommt man auch ohne diese weiter, doch einen Schaltplan kann man nur dann einwandfrei »lesen«, wenn man die Symbolik kennt, wenngleich sich viele Darstellungen auch mit etwas Phantasie deuten lassen und oft die Einzelteile im Schaltplan beziffert sind.
Man unterscheidet in der »Bilderschrift« der Elektrik zwischen Schaltzeichen, Schaltbildern, Schaltplänen und Kabelverlegungsplänen.

Schaltzeichen

Die Schaltzeichen sind nur Symbole für ein elektrisches Bau-

Die Relaisspulen sind so wenig spannungsempfindlich, daß sie auch mit stark abgesunkenen Spannungen über dünnste Leitungen und kleinste Schalter betätigt werden können.

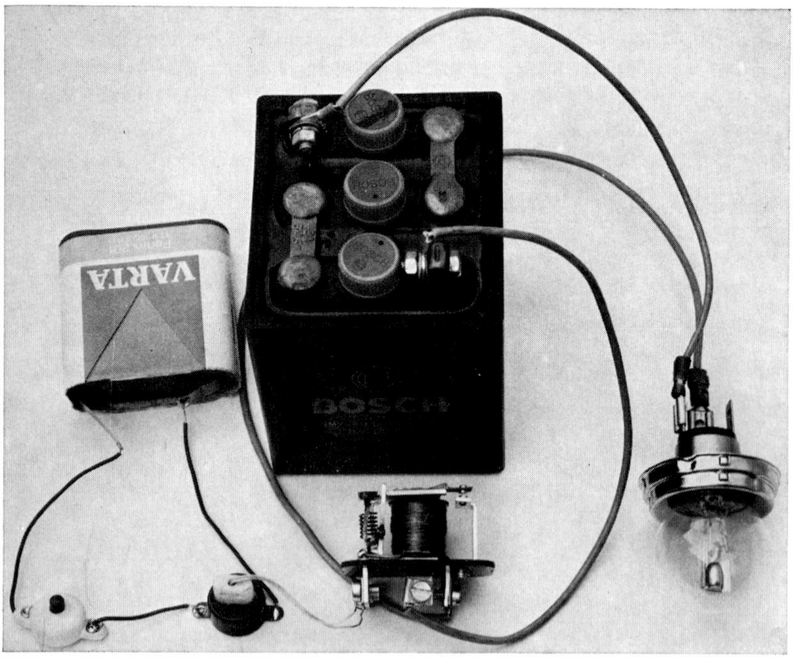

element. Hier verwendet man anstatt eines langen Wortes nur ein einfaches stilisiertes Bild. Heute sind fast alle Schaltzeichen genormt, so daß sie stets die gleiche Bedeutung haben. (Ab und zu findet man noch ältere Schaltzeichen, doch mit etwas Phantasie kommt man schon dahinter, was gemeint ist. Manche Zeichner vereinfachen die genormten Schaltzeichen noch etwas, aber auch hier weiß man meist gleich, was sie bedeuten sollen.)

Die Schaltbilder

Hierbei handelt es sich um die Darstellung eines Aggregats, in der mehrere Schaltzeichen zusammengefaßt sind. Der in der Schaltzeichen-Zusammenstellung mit »h« bezeichnete Magnetzünder ist ein solches Schaltbild (oder Teilschaltplan), das sich aus den Schaltzeichen »g«, »e« und »U« zusammensetzt.

Hier ist gezeigt, wie von einer 4,5-Volt-Taschenlampenbatterie über einen Puppenstubenschalter und dünne Leitungen die Magnetwicklung des Relais unter Strom gesetzt wird. Das Relais hat angezogen, und die Schalterkontakte schließen den Stromkreis für die rechts im Bild leuchtende asymmetrische Biluxlampe.

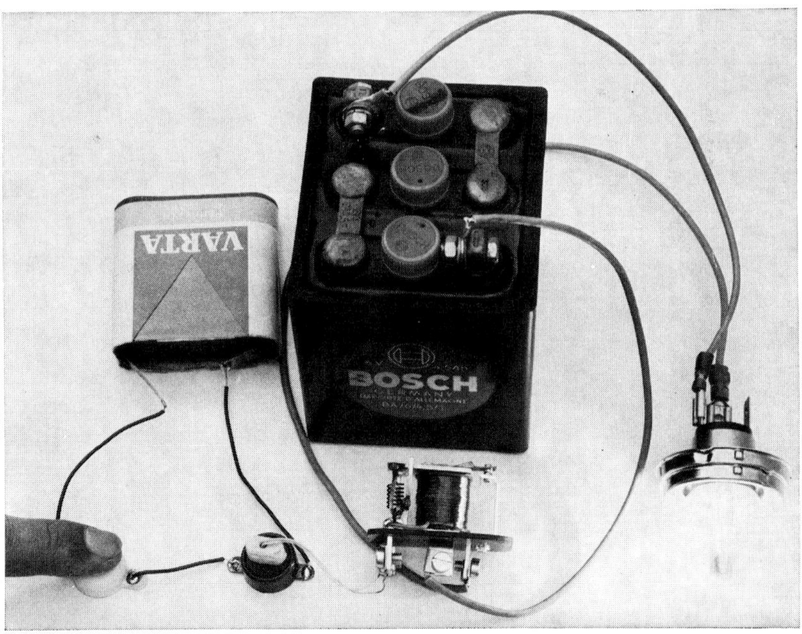

Der Schaltplan

Hier unterscheidet man: Übersichtsschaltplan, in ihm sind die einzelnen elektrischen Aggregate durchweg nur als viereckige Kästchen oder runde Kreise dargestellt, sie sind durch gerade Linien miteinander verbunden, die die elektrischen Leitungen darstellen. Bei den Anschlußplänen sind die Aggregate ebenfalls durch Quadrate, Rechtecke oder Kreise dargestellt, doch tragen sie die bekannten Bosch-Klemmenbezeichnungen. Im Wirkschaltplan sind die gesamten Aggregate des Fahrzeugs zusammengefaßt, in den Quadraten und Rechtecken ist der elektrische Aufbau der Geräte in Schaltzeichenform dargestellt. Auch hier tragen die Geräte die zugehörigen Klemmenbezeichnungen. Diese Schaltplandarstellungen sind genormt, für den Laien aber nicht immer leicht verständlich.

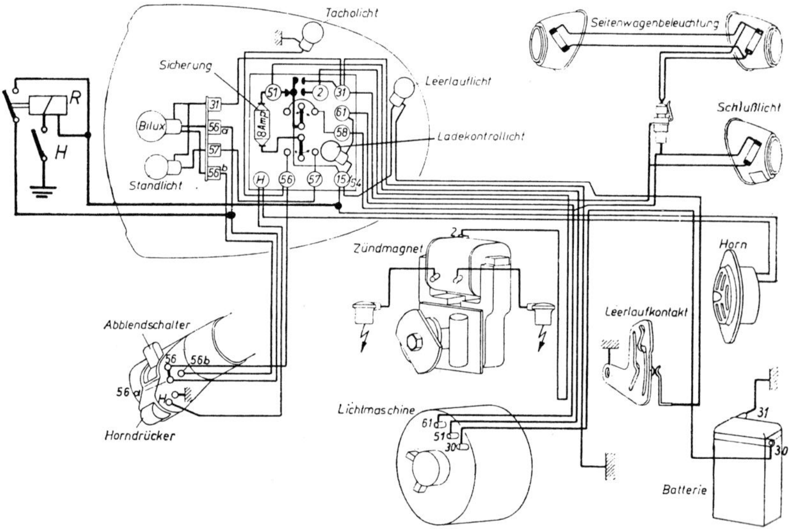

Hier handelt es sich mehr um einen Kabelverlegungsplan als um einen Schaltplan, denn die innere Schaltung von Lichtmaschine und Zündmagnet geht nicht daraus hervor. Als Beispiel ist gezeigt, wie man mit Hilfe eines Arbeitsstromrelais und eines Masse-Horndruckknopfs eine Lichthupe schalten kann.

Der Kabelverlegungsplan

Daneben gibt es noch Schaltpläne, in denen die elektrischen Aggregate mehr oder weniger naturgetreu dargestellt sind. Diese Darstellungsart gibt zwar einen leicht faßlichen Überblick, läßt aber nur bedingt Rückschlüsse auf die Arbeitsweise der Aggregate zu. Wesentlich ist der Überblick über die Leitungsführung.

Wichtige Schaltzeichen

A = Gerader Strich, bedeutet »Gleichstrom«.

B = Wellenlinie, bedeutet »Wechselstrom«.

C = Wellenlinie mit einer »3« davor, bedeutet »Dreiphasen-Wechselstrom« (»Drehstrom«).

D = Dreieck, bedeutet »Drehstrom-Dreieckschaltung« (eine Schaltungsart der Drehstromgeneratoren).

E = Stern, bedeutet »Drehstrom-Sternschaltung« (eine Schaltungsart der Drehstromgeneratoren).

F = Erdung, dieses Zeichen findet man noch häufig als Fahrzeugmasse, es ist nicht normgerecht.

G = Fahrzeugmasse.

H = Steckverbindung, links der Steckerstift, rechts die Steckhülse oder Steckdose.

I = Mehrpolige Steckverbindung, die dünnen schwarzen Linien bedeuten, daß die Stecker isoliert miteinander verbunden sind.

K = Einfacher Schalter, sogenannter Schließer. Wird er geschlossen, so bleibt der Schaltarm in dieser Stellung. Er muß von Hand wieder ausgeschaltet werden, was durch den »Zacken«, das Rastzeichen, angegeben wird.

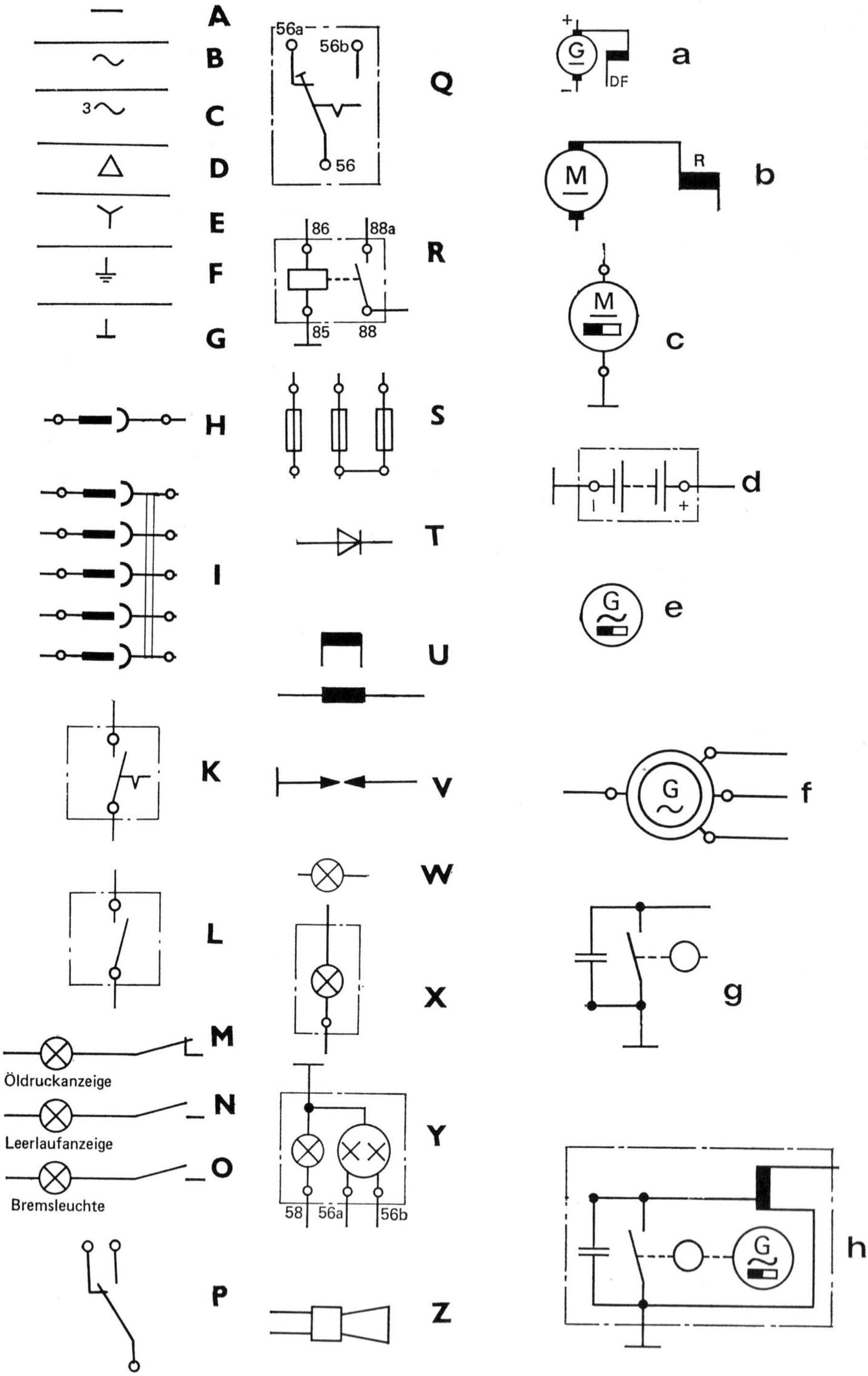

Eine Auswahl von häufig gebräuchlichen Schaltzeichen. Die Erklärungen finden sich im Text.

L = Einfacher Tastschalter, ebenfalls ein Schließer. Als solcher Schalter ist z. B. der Hupenknopf anzusehen. Er öffnet sich selbsttätig und unterbricht den Stromkreis.

M = Sogenannter »Öffner«, der Schalter für die Öldruckanzeige schließt sich automatisch unter Federdruck und die Öldruckanzeige leuchtet auf. Durch Öldruck wird der Schalter geöffnet, die Öldruckanzeige erlischt.

N = Sogenannter Schließer, der Schalter für die Leerlaufanzeige wird mechanisch geschlossen, öffnet sich selbsttätig wieder unter Federdruck.

O = Schließer für Bremsleuchten, sogenannter Bremslichtschalter. Er wird gleichfalls unter Druck geschlossen, öffnet sich unter Federdruck.

P = Sogenannter Wechsler, Umschalter mit Unterbrechung.

Q = Wechsler (Umschalter) ohne Unterbrechung. Während des Umschaltens erhalten kurzzeitig beide Klemmen Strom. Diese Ausführung findet man als Abblendschalter, so daß Fern- und Abblendlicht kurzzeitig gemeinsam brennen. (Schalterausführungen gibt's wie Sand am Meer, so daß wir unmöglich auch nur einen Teil wiedergeben können. Sofern man überhaupt über die Funktion Bescheid wissen muß, kann man diese mit etwas Phantasie aus der Darstellung im Schaltplan entnehmen. Üblicherweise braucht man aber nur die Klemmenbezeichnung zu kennen.)

R = Schaltbild eines Relais (elektrisch betätigter Schließer). Wird die Wicklung des Triebsystems vom Strom durchflossen, so wird der Schalteranker angezogen und schließt einen Kontakt und damit den Stromkreis.

S = Sicherungen.

T = Gleichrichter-Diode, der Strom kann nur in einer Richtung fließen. Hier im Bild von links nach rechts. In früheren Darstellungen war das Dreieck schwarz ausgelegt.

U = Wicklungen allgemein. Wicklungen in diesem Sinn sind z. B. die Feldspulen der Lichtmaschine oder des Anlassers. Auch hier gibt es viele unterschiedliche Ausführungen, die wir nicht alle wiedergeben können. (Ist ein Rechteck nur schwarz umrandet, statt schwarz ausgefüllt, so handelt es sich um einen Ohm'schen Widerstand.)

V = Funkenstrecke, z. B. Zündkerze oder Luftspalt zwischen umlaufenden Verteilerfinger und feststehender Verteilerelektrode.

W = Glühlampe mit einem Leuchtkörper.

X = Scheinwerfer mit einer Glühlampe, z. B. Nebelscheinwerfer.

Y = Scheinwerfer mit einer Zweifadenlampe für Fern- und Abblendlicht und einer Standlichtlampe.

Z = Horn.

a = Nebenschlußgenerator (z. B. Lichtmaschine). Das »G« gibt an, daß es sich um einen Generator handelt, also einen Stromerzeuger, der darunterliegende Strich bedeutet »Gleichstrom«. (Die kleinen schwarzen Rechtecke direkt am Kreis geben nur die Kohlebürsten an.)

b = Reihenschlußmotor (z. B. Anlasser). Das »M« gibt an, daß es sich um einen Motor handelt, der darunterliegende Strich bedeutet – wie schon bei »A« gesagt – »Gleichstrom«.

c = Gleichstrommotor mit Dauermagnet-Erregung (der schwarzweiße Balken unterhalb des Gleichstromzeichens).

d = Batterie. Je ein kurzer dicker und ein langer dünner Strich bedeuten eine Zelle – bei der Motorrad-Batterie also 2 Volt. Drei solcher Zellen würden eine 6-Volt-Batterie kennzeichnen. Für eine 12-Volt-Batterie wären sechs Zellen erforderlich. Der Einfachheit halber zeichnet man nur zwei Zellen, die man durch Punkte miteinander verbindet, und gibt die Spannung gesondert an.

e = Wechselstromgenerator mit Dauermagneterregung. Die Wellenlinie unterhalb des »G« ist das Wechselstromzeichen.

f = Schaltkurzzeichen für Magnetzünder.

g = Unterbrecher und Kondensator, der Kreis, der über die gestrichelte Linie am Unterbrecher angreift, stellt den Unterbrechernocken dar.

h = Teilschaltplan für einen Magnetzünder. Das schwach ausgezogene Rechteck ist der Zündanker.

Klemmenbezeichnungen

Bei deutschen Wagen und Motorrädern sind die Anschlüsse an elektrischen Verbrauchern und Geräten durch Zahlen gekennzeichnet, so daß man weiß, welche Verbindungsleitung zwei verschiedene Geräte verbinden muß. Korrekt bezeichnet man sie als »Klemmenbezeichnungen«, doch die Auto-Elektriker sprechen meist kurzerhand von einer »Klemme«. Wenn man z. B. von »Klemme eins« spricht, so ist das nicht die erste im Hof umherliegende Messingklemme, sondern die Bezeichnung für den Anschluß »1« an der Zündspule bzw. am Unterbrecher.
Die nachstehend aufgeführten, an Motorrädern gebräuchlichen Klemmenbezeichnungen umfassen nur einen Teil der gesamten Kraftfahrzeug-Klemmenbezeichnungen, doch bedeuten gleiche Klemmenbezeichnungen am Wagen und am Motorrad auch das gleiche.

Die am Motorrad gebräuchlichen Klemmenbezeichnungen

Klemmen-bezeichnung	Leitung führt von	an
1	Zündspule	Unterbrecher
2	Primärwicklung Zündanker oder Magnetzünder	Kurzschlußknopf bzw. Zündschalter
4	Zündspule	Zündkerze oder Verteiler
15 oder	Zündschalter	Zündspule, Horn, Bremslicht
15/54	Zündschalter	Ladekontrolle, Zündspule, Horn Bremslicht
30	Batterie +Pol	Zündschalter, Anlasser
30/51	Lichtmaschine-Regler	Batterie +Pol
31	Batterie −Pol	Masse
50	Anlasserdruckknopf Anlasserschalter	Anlasser-Magnetschalter

Klemmen-bezeichnung	Leitung führt von	an
51	Lichtmaschine-Regler	Batterie +Pol
54	Zündschalter	Tagesverbraucher, wie Horn, Bremslicht usw. Blinkergeber
56	Lichtschalter	Abblendschalter
56a	Abblendschalter	Fernlicht-Glühfaden
56b	Abblendschalter	Abblend-Glühfaden
57	Lichtschalter	Standlicht
58	Lichtschalter	Rücklicht, Seitenwagen-beleuchtung
59 (evtl. 51)	Lichtanker (Wechselstrom-Lichtmaschine)	Lichtschalter im Scheinwerfer
59a	Ladeanker (Wechselstrom-Lichtmaschine)	Über Gleichrichter zum Batterie +Pol
61	Lichtmaschinenregler	Ladekontrolle
85	Relaiswicklung	Masse
86	Relaiswicklung	über Schalter an Plus
87	Relais-Arbeitskontakt	Verbraucher
87a	Relais-Ruhekontakt	Verbraucher

Nach neuer Norm:
87 Relaiskontakteingang bei Öffner und Wechsler
87a Relaiskontaktausgang bei Öffner und Wechsler
88 Relaiskontakteingang bei Schließer und Wechsler
88a Relaiskontaktausgang bei Schließer und Wechsler

B +	Regler	Batterie
D +	Lichtmaschine +	Regler
DF	Lichtmaschine (Feld)	Regler
D –	Lichtmaschine –	Regler –
L	Blinkerschalter	Blinkleuchte links
R	Blinkerschalter	Blinkleuchte rechts

Leitungsfarben

Die Leitungsfarben sind ebenfalls genormt, um eine leichtere Unterscheidung der Leitungen treffen zu können, wenn sie z. B. zusammen in einem Kabelstrang verlegt sind. Die DIN-Normen sind aber nur Vorschläge, und im Motorradbau hält man sich nicht immer daran. Wenn man aber Glück hat, entsprechen die verwendeten Kabelfarben der Norm, und die Farben entsprechen den Vorschlägen.

	Leitung	
Farbe	von	nach
grün	Zündspule	Unterbrecher
schwarz	Zündschalter	Zündspule
rot	Regler	Batterie +
braun	Verbraucher	Masse
schwarz/weiß	Lichtschalter	Abblendschalter
weiß	Abblendschalter	Fernlicht
gelb	Abblendschalter	Abblendlicht
grau	Lichtschalter	Stand- und Rücklicht

Das sind natürlich längst nicht alle gebräuchlichen Kabelfarben, aber man muß sich beim Motorrad schon glücklich schätzen, wenn man überhaupt einige unterschiedliche Kabelfarben antrifft, die auch noch nach obigen Vorschlägen verlegt sind.

Motorrad-Schaltpläne

In fast allen Betriebsanleitungen findet sich ein Schaltplan der elektrischen Anlage. Nach den gezeigten Schaltzeichen wird es keiner großen Phantasie bedürfen, einen Schaltplan zu »lesen«, auch wenn dieser nicht ganz normgerecht gezeichnet ist.
Nun kommt man in vielen Fällen nicht mit einem einfachen Schaltplan aus, wenn dort die innere Schaltung eines Gerätes – z. B. der Lichtmaschine – nicht angegeben ist.
Bei den Motorradherstellern gibt es meist ausführliche(re) Handbücher, die man allerdings käuflich erwerben muß. In diesen wird

jedoch nicht nur die Elektrik behandelt (die manchmal sogar zu kurz kommt), sondern das ganze Fahrzeug. Aus solchen Handbüchern oder Reparaturanleitungen ersieht man aber meist das, was man unbedingt wissen will.
Eine Auswahl verschiedener Schaltplandarstellungen zeigen die nachstehenden Seiten. Die unterschiedlichen Darstellungen muß man mit viel Fantasie lesen. Ausführliche Schaltpläne enthalten auch die Motorrad-Reparaturanleitungen des Motorbuch-Verlags, die ganz allgemein eine große Hilfe sind.

Die Schaltpläne für die elektrischen Anlagen an Kleinkrafträdern sind oft sehr vereinfacht und erläutern dann nur die wichtigsten Anschlüsse.

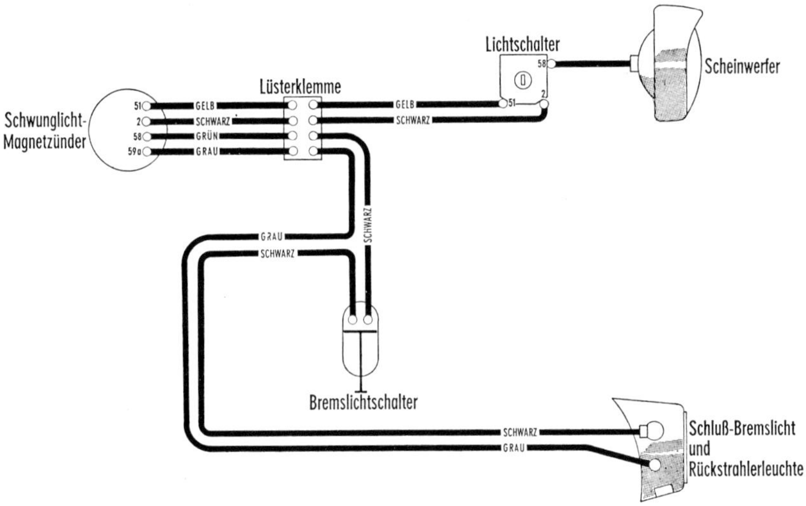

Nun gibt es nur noch wenige deutsche Motorräder mit einer etwas komplizierteren Elektrik.
Schlimm wird die Sache nur bei ausländischen Fabrikaten. Die hier lieferbaren »Werkstatt-Handbücher« sind oft so miserabel,

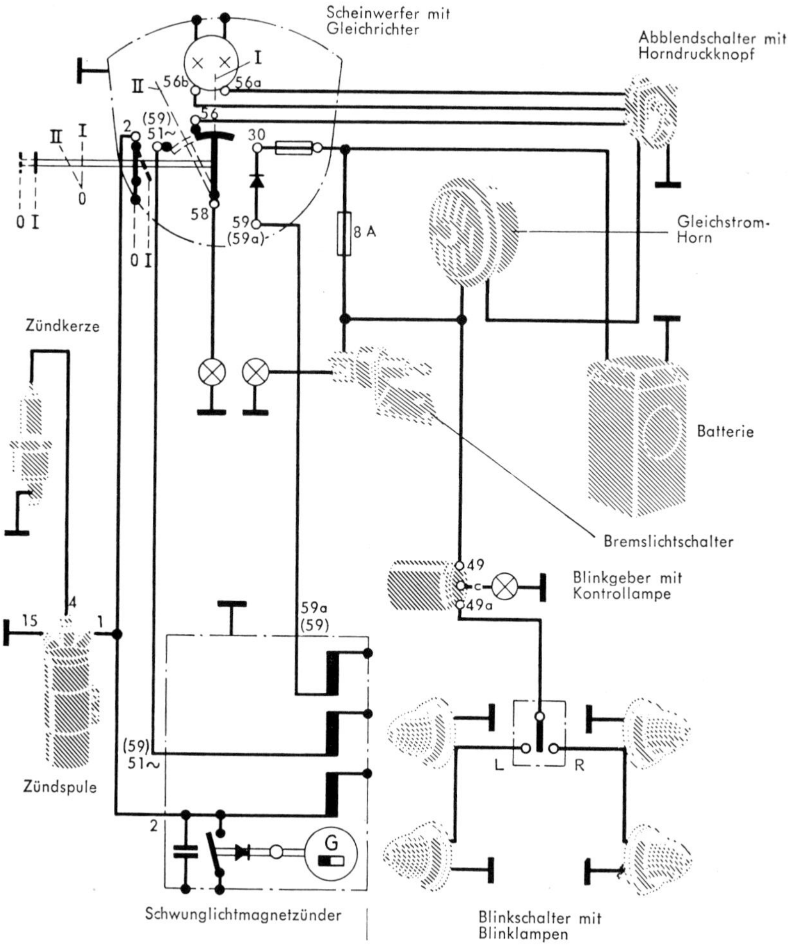

In modernen Schaltplänen werden zwar die genormten Schaltzeichen verwendet, doch sind die Geräte teilweise schematisch dargestellt, um sie besser kenntlich zu machen.

daß man sich am liebsten in den H . . . beißen möchte, wenn man dafür einen Zwanzigmarkschein ausgegeben hat.
Vorsicht ist die Mutter der Porzellankiste!
Vielleicht findet man noch einige Besitzer gleichartiger Maschi-

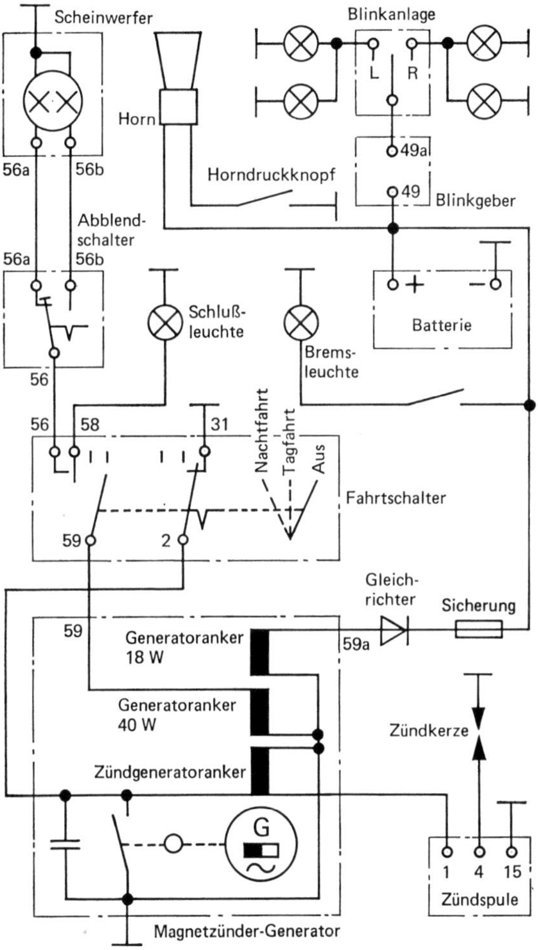

So sieht der nebenstehende Schaltplan aus, wenn die Geräte nicht schematisch, sondern normgerecht dargestellt sind.

nen, mit denen man sich zusammentun kann, um ein Handbuch zu erwerben; der Verlust ist dann wenigstens nicht so groß.
Wir werden versuchen, ein zusätzliches Buch mit dem Titel »Elektrik an ausländischen Motorrädern« herauszubringen. Da die Unterlagen hierzu nicht leicht zu beschaffen sind, wird das aber leider noch eine ganze Weile dauern.

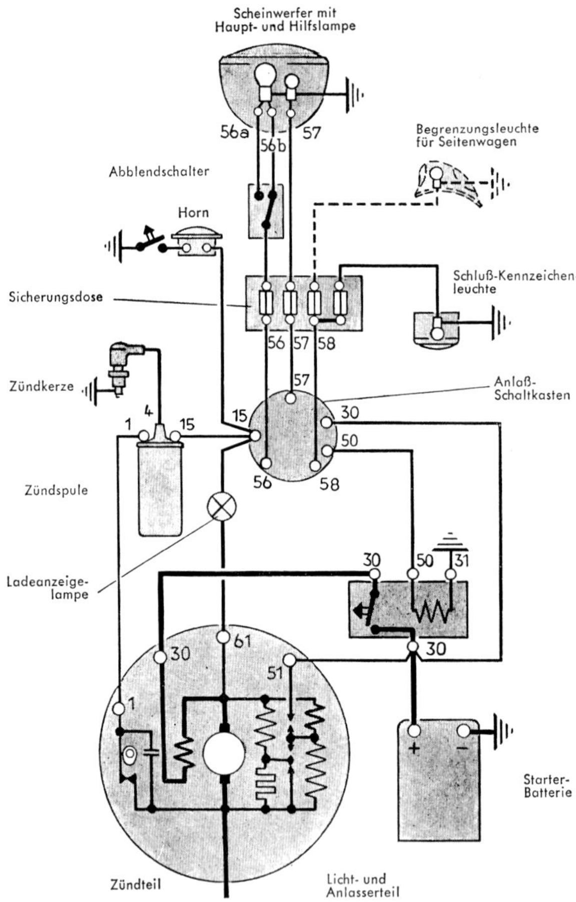

Früher gebräuchliche Schaltplanzeichnung. Die Wicklungen von Lichtmaschine und Steuerschalter sind hier noch angedeutet, während sie in heutigen Schaltplänen ja nur noch als schwarze Rechtecke ausgeführt werden.

Schaltplan der Ducati 750 SS/900 SS.

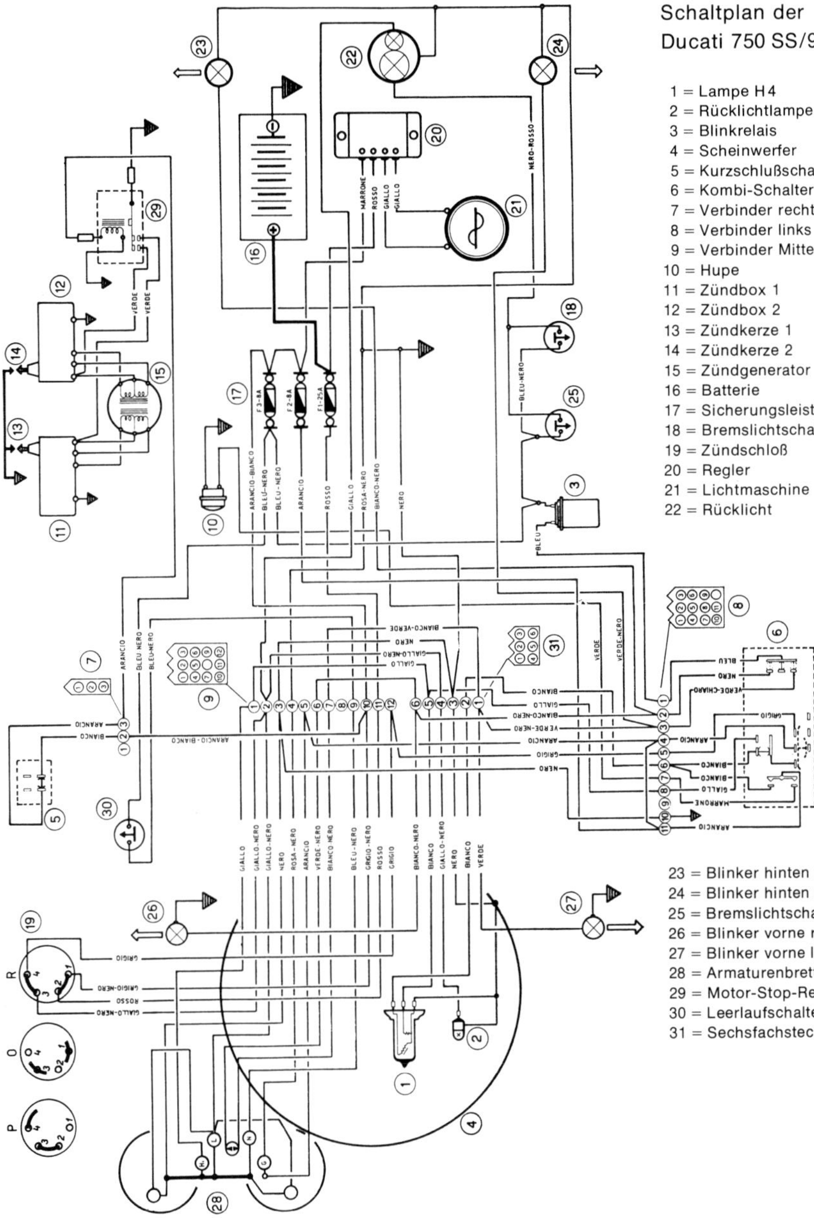

1 = Lampe H4
2 = Rücklichtlampe
3 = Blinkrelais
4 = Scheinwerfer
5 = Kurzschlußschalter
6 = Kombi-Schalter
7 = Verbinder rechts
8 = Verbinder links
9 = Verbinder Mitte
10 = Hupe
11 = Zündbox 1
12 = Zündbox 2
13 = Zündkerze 1
14 = Zündkerze 2
15 = Zündgenerator
16 = Batterie
17 = Sicherungsleiste
18 = Bremslichtschalter hinten
19 = Zündschloß
20 = Regler
21 = Lichtmaschine
22 = Rücklicht
23 = Blinker hinten rechts
24 = Blinker hinten links
25 = Bremslichtschalter
26 = Blinker vorne rechts
27 = Blinker vorne links
28 = Armaturenbrett
29 = Motor-Stop-Relais
30 = Leerlaufschalter
31 = Sechsfachstecker.

Kabelfarben:
arancio = orange
arancio-bianco = orange-weiß
bianco = weiß
bianco-nero = weiß-schwarz
bianco-verde = weiß-grün
bleu = blau
bleu-nero = blau-schwarz
giallo = gelb
giallo-nero = gelb-schwarz
grigio = grau
grigio-nero = grau-schwarz
marrone = braun
nero = schwarz
nero-rosso = schwarz-rot
rosa-nero = rosa-schwarz
rosso = rot
verde = grün
verde-chiao = hellgrün
verde-nero = grün-schwarz

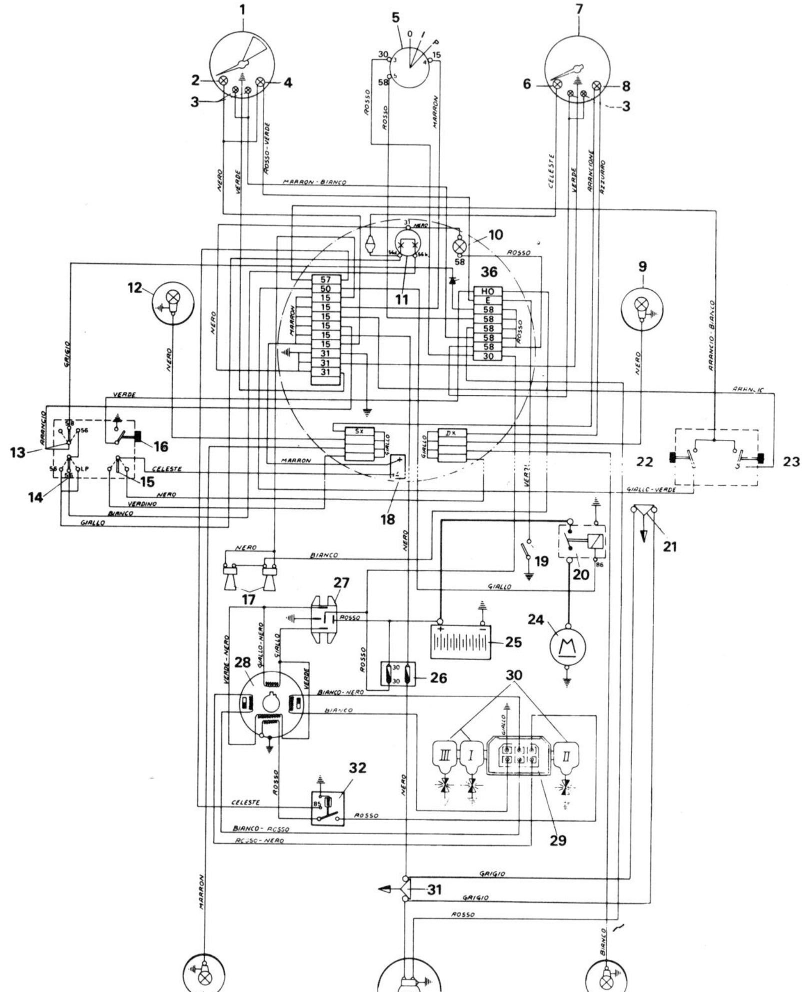

Schaltplan der Laverda 1000 ccm.

O= abgeschaltet,
I = Zündung an,
P = Standlicht.

1 = Drehzahlmesser
2 = nicht angeschlossen
3 = Instrumentenbeleuchtung
4 = Leerlaufanzeige grün
5 = Zündschloß
6 = Fernlichtanzeige rot
7 = Tachometer
8 = Blinkeranzeige orange
9 = Blinker vorne rechts
10 = Standlicht
11 = Scheinwerferbirne
12 = Blinker vorne links
13 = Lichtschalter
14 = Abblendschalter und Lichthupe
15 = Blinkerschalter
16 = Hupenknopf
17 = Hupen
18 = Blinkgeber
19 = Leerlaufanzeigeschalter
20 = Starterrelais
21 = Bremslichtschalter vorne
22 = Starterknopf
23 = Notschalter Motor
24 = Startermotor
25 = Batterie
26 = Sicherungskasten
27 = Gleichrichter
28 = elektronischer Magnetzünder
29 = Bosch Zündbox
30 = Zündspulen
31 = Bremslichtschalter hinten
32 = Schaltrelais für Zündanlage
33 = Blinker hinten links
34 = Rücklicht
35 = Blinker hinten rechts
36 = Diode

Die Anlasser

Elektrische Anlasser waren in früheren Jahren bei Motorrädern und Motorrollern die Ausnahme. Nur wenige Typen hatten einen sogenannten »Schwung-Lichtanlaß-Batteriezünder«. (Mensch, ist das eine Wortzusammenstellung!)
Die Schwung-Lichtanlaß-Batteriezünder waren direkt auf der Kurbelwelle angeordnet und der Anker diente gleichzeitig für die Gleichstromerzeugung sowie als Anlasseranker. Im Erregerfeld waren allerdings neben den Erregerspulen für die Lichtmaschine noch zusätzliche Erregerspulen für die Anlasserwirkung des Ankers vorgesehen, die eine größere Stromaufnahme hatten. Da diese Anlagen selten geworden sind, wollen wir uns hier nicht weiter mit ihnen befassen.

Der Anlasser der großen BMW-Modelle entspricht in seinem Aufbau einem üblichen Wagenanlasser. Es handelt sich um einen Bosch-Schubschraubtriebanlasser. Der Stromkreis des Anlassers wird durch einen Magnetschalter geschaltet, der auch die Einrückung des Anlasserritzels in die Schwungscheibenverzahnung übernimmt. Ein Anlasser-Relais verhindert bei laufendem Motor, daß der Anlasser versehentlich noch einmal eingeschaltet wird und das Anlasserritzel gegen das drehende Schwungrad verschoben wird, was einen Zahnsalat bewirken würde.

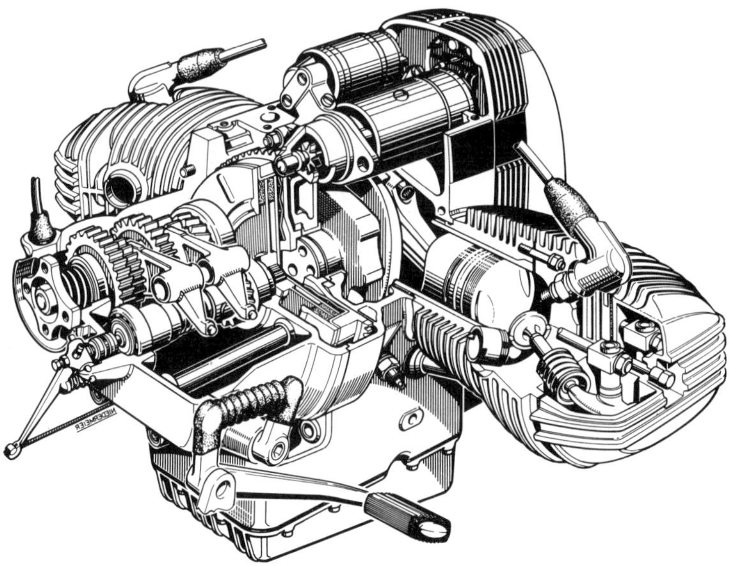

Getrennte Anlasser

Während Kleinkrafträder und leichtere Maschinen durchweg ohne Anlasser auskommen müssen, haben größere Maschinen meist einen Anlasser, der in Aufbau und Arbeitsweise den Wagenanlassern ähnelt.
Der Antrieb der Kurbelwelle erfolgt dabei über Anlasserritzel und Schwungscheibenverzahnung oder über Anlasserritzel, Kette und Kettenrad.

Anlasser mit direktem Ritzeleingriff

Das Ritzel dieser Anlasser wird beim Anlaßvorgang in die verzahnte Schwungscheibe eingespurt und nach dem Anspringen des Motors durch eine Feder zurückgeholt. Das Verschieben des Ritzels und das Einschalten des Anlasserstroms erfolgt durch einen Magnetschalter, der allerdings eine beträchtliche Stromaufnahme hat.
Betätigt man den Anlaß-Schalter bzw. -Druckknopf, so wird dem Magnetschalter des Anlassers an der Klemme »50« Strom zuge-

Schnitt durch einen Bosch-Schubschraubtriebanlasser. Anlasser dieser Art finden sich z. B. bei den neuen BMW-Modellen, dem Münch-Mammut und der Moto Guzzi V 7.

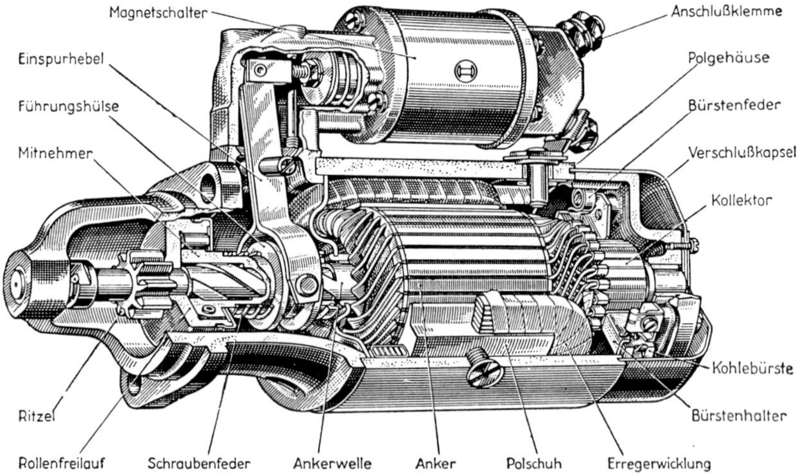

führt. Da der Anlasser und damit der Magnetschalter an Masse liegt, ist der Stromkreis für den Magnetschalter geschlossen, die Erregerwicklung des Magnetschalters wird magnetisch und zieht einen Eisenkern gegen die Kraft einer Feder in den Magnetschalter hinein. Dieser Eisenkern (man bezeichnet auch ihn als Anker) greift auf der einen Seite über einen Einrückhebel an einem Mitnehmer des Ritzels an und verschiebt dieses zum Schwungradzahnkranz, in den es – sofern ein Zahn des Ritzels einer Zahnlücke im Schwungrad-Zahnkranz gegenübersteht – zum Teil hineingeschoben wird. An der anderen Seite des Magnetschalter-Ankers sitzt eine Kontaktscheibe, die nun zwei Kontakte verbindet und dadurch den Strom für den Anlasser einschaltet, so daß der Anlasser-Anker anläuft.

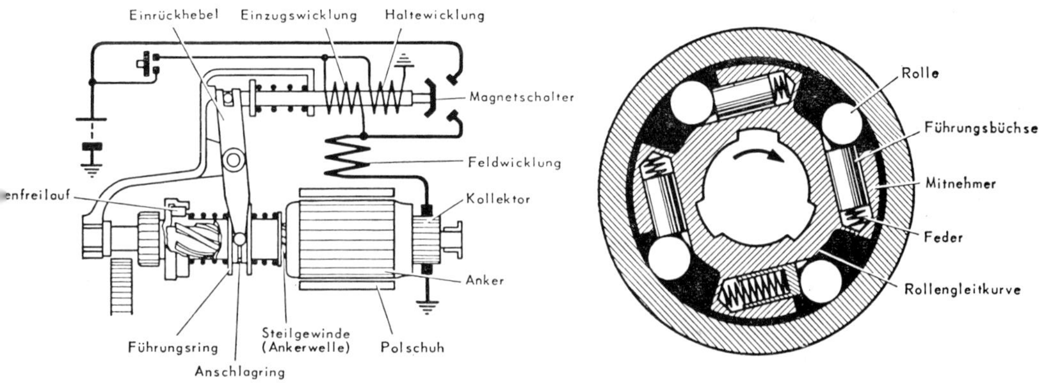

Links: Die innere Schaltung des Bosch-Schubschraubtriebanlassers.
Rechts: Der Aufbau des Freilaufs, der verhindert, daß bei angesprungenem Motor der Anlasseranker vom Schwungrad-Zahnkranz angetrieben wird.

Bei diesen sogenannten Schub-Schraubtrieb-Anlassern trägt die Ankerwelle ein Steilgewinde, und das Ritzel sitzt hierbei auf einer Führungshülse, die innen ein dem Steilgewinde entsprechendes Muttergewinde trägt. Durch den anlaufenden Anlasser-Anker wird das Ritzel auf dem Steilgewinde nun ganz in den Schwungrad-Zahnkranz hineingeschoben, es holt dabei etwas Schwung auf und kann so den Motor leichter »losbrechen«.

Sofern ein Zahn des Ritzels auf einem Zahn des Schwungrad-Zahnkranzes steht, drückt der Einrückhebel über eine dabei zusammengepreßte Feder auf das Ritzel. Verbindet jetzt die Kontaktscheibe des Magnetschalter-Ankers die Kontakte für den Stromkreis des Anlassers, so setzt sich der Anker in Drehung und unter der Federwirkung und dem Schwung des Steilgewindes spurt das Ritzel ganz in die nächste Zahnlücke des Schwungrad-Zahnkranzes ein, wodurch der Motor wiederum kräftig losgebrochen wird.

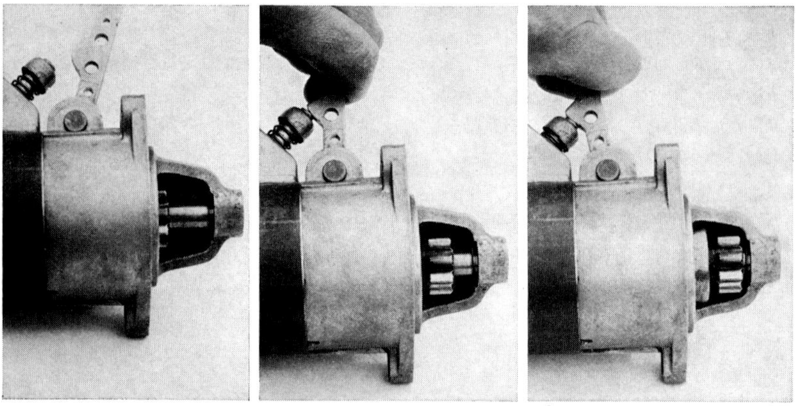

Links: Ritzel bei ausgeschaltetem Anlasser. Mitte: Beim Einschalten des Anlassers wird zuerst das Ritzel so weit verschoben, daß es entweder zum Teil in die Schwungradverzahnung eingreift oder durch Federkraft daran anliegt.
Rechts: Wenn der eigentliche Anlasserschalter geschlossen ist, ist auch das Ritzel ganz in den Schwungradzahnkranz eingespurt. Das Betätigen des Einrückhebels sowie das des Anlasserschalters erfolgt bei modernen Anlassern durch den Magnetschalter.

Solange der Anlaß-Schalter betätigt wird, steht der Magnetschalter des Anlassers unter Strom. Das Ritzel des Anlassers bleibt im Schwungrad-Zahnkranz eingespurt, der drehende Anlasser-Anker dreht den Motor durch.
Wenn der Motor angesprungen ist, wird das noch eingespurte Ritzel vom Schwungrad-Zahnkranz schnell angetrieben. Die Drehzahl des Ritzels ist dabei so hoch, daß der Anlasser-Anker

selbst, diese Drehzahl nicht aushalten würde, seine Wicklungen würden ausgeschleudert. Um das zu vermeiden, liegt zwischen Ritzel und der Welle des Anlasser-Ankers ein Freilauf, der die Verbindung zwischen ihnen aufhebt, wenn das Ritzel vom Schwungrad-Zahnkranz angetrieben wird. Das Ritzel dreht sich dabei ziemlich schnell, der Anlasser-Anker aber nur mit der Drehzahl, die durch seine Stromzuführung bedingt ist, so daß er nicht beschädigt werden kann.
Wird der Anlaßschalter losgelassen, so wird die Stromzuführung zum Magnetschalter unterbrochen. Der Anker des Magnetschalters federt jetzt zurück, die Stromzuführung zum Anlasser wird unterbrochen und gleichzeitig wird über den Einrückhebel das Ritzel aus dem Schwungrad-Zahnkranz herausgezogen.

Anlasser über Kette

Bei vielen (vor allem japanischen) Maschinen findet sich eine etwas andere Konstruktion. Hier wird die Verbindung zwischen Anlasser und Kurbelwelle über eine Kette hergestellt, die einerseits in das kleine Anlasserritzel eingreift, auf der anderen Seite in einen Zahnkranz, der auf der Kurbelwelle sitzt.
Im elektrischen Aufbau sind die Anlasser weitgehend gleich, doch bei Anlassern mit Kettentrieb entfällt das Verschieben des Ritzels. Natürlich darf auch hier der Anlasser-Anker nicht von der Kurbelwelle aus angetrieben werden, weshalb das auf der Kurbelwelle sitzende Zahnrad ebenfalls über einen Freilauf auf die Kurbelwelle einwirkt. Dieser Freilauf, der hinter dem Rotor der Lichtanlage sitzt, sperrt den Antrieb, wenn der Anlasser den Motor durchdreht, und

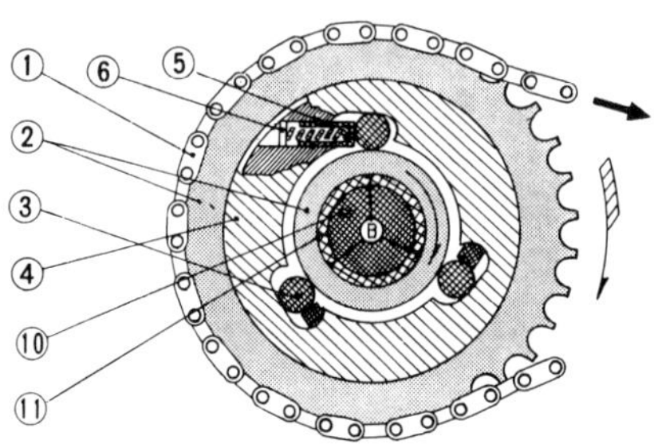

Antrieb der Kurbelwelle durch den Starter bei der Honda CB 450.

1 = Kette (wird angetrieben vom Starterritzel), 2 = Kettenrad auf der Kurbelwelle hinter dem Rotor des Wechselstromgenerators, 3 = Klemmrollen des Freilaufs, 4 = Kurvenkörper des Freilaufs, 5 = Führungshülse für die Druckfedern 6, die die Freilaufwalzen in die Aussparungen des Kurvenkörpers drücken und so die kraftschlüssige Verbindung zwischen Kurvenkörper und Kurbelwelle übernehmen, 10 = linker Kurbelwellenstummel, 11 = Gleitbuchse zwischen Kurbelwelle und Ritzelbohrung.

hebt die Sperrung auf, sobald der Motor läuft. Jetzt kann der Anlasser-Anker nicht von der Kurbelwelle aus angetrieben werden, und der Anlasser-Anker kommt zur Ruhe.
Auch hier ist die Stromaufnahme des Anlassers natürlich so groß, daß sie nicht durch einen Druckknopf vom Lenker aus gesteuert werden kann. Der Anlaß-Schalter gibt nur den Steuerstrom für ein Schaltschütz (Relais) frei, das nun seinerseits den kräftigen Strom zum Anlasser schaltet.

Scheinwerfer, Leuchten und Glühlampen

Lampen, Leuchten, Scheinwerfer und Birnen sind Begriffe, die üblicherweise sehr oft durcheinandergeworfen werden.
Das, was man im allgemeinen Sprachgebrauch oft als **Glühbirne** bezeichnet, trägt diesen Namen zu Unrecht. Eine »Birne« gibt es nämlich in technischer Ausführung nicht. Hier handelt es sich – fachgerecht ausgedrückt – um eine Glühlampe.
Das, was man allgemein als **Lampe** bezeichnet – also z. B. als Rücklichtlampe –, ist in Wirklichkeit eine Leuchte. Man spricht zum Beispiel von einer Blinkleuchte oder von einer Brems-Schlußleuchte. Eine solche Leuchte strahlt immer ein gestreutes Licht aus.
Beim **Scheinwerfer** – auf den der allgemein gebräuchliche Name wirklich zutrifft – handelt es sich immer um eine Beleuchtungseinrichtung, die vorwiegend ein gerichtetes Licht ausstrahlt, das Licht also bündelt. Das, was man üblicherweise als Bilux-Birne oder Bilux-Lampe bezeichnet, ist eine Zweifaden-Scheinwerfer-**Glühlampe.** Hier sind zwei Glühfäden in einem Glaskolben eingeschmolzen. Zweifaden-Glühlampen findet man aber auch noch bei der Brems-Schlußleuchte, wobei der schwächere Faden für die Schluß- und Kennzeichen-Beleuchtung dient, der Glühfaden mit der größeren Leistungsaufnahme von 15 bis 21 Watt fürs Bremslicht bestimmt ist.
(Hier noch eine kleine Zwischenbemerkung: Die Bajonettstifte stehen bei einer solchen Glühlampe zwar einander um 180° gegenüber und sind im Gegensatz zu denen der Scheinwerfer-Glühlampe gleich breit, doch sie sind, wenn man seitlich gegen

den Sockel schaut, gegeneinander versetzt. Man kann die Glühlampe also jeweils 180° verdreht in die Fassung einsetzen, aber nur in einer Stellung in das Bajonett einrasten. Sonst könnte es ja vorkommen, daß z. B. die Leitung für das Bremslicht an den schwächeren Glühfaden zu liegen kommt und die Leitung für das Schlußlicht an den stärkeren Glühfaden.)

Die Scheinwerfer

Scheinwerfer strahlen das schon erwähnte gerichtete Licht aus Hier liegt der Fernlicht-Glühfaden der sogenannten Biluxlampe genau im Brennpunkt eines Parabolspiegels. Alle vom Glühfaden austretenden und auf den Parabolspiegel auftreffenden Lichtstrahlen werden so gebrochen, daß sie parallel zueinander in waagrechter Richtung aus dem Scheinwerfer austreten. Vor dem Fernlicht-Glühfaden ist der Abblendlichtfaden angeordnet; er liegt damit etwas außerhalb des Brennpunktes. Unterhalb dieses Glühfadens ist ein kleiner Abdeckschirm vorgesehen, wodurch keine Lichtstrahlen auf die untere Reflektorhälfte fallen können. Die nach oben austretenden Lichtstrahlen werden schräg nach unten gebrochen, so daß die Abblendwirkung entsteht. Die vor dem Reflektor angeordnete geriffelte Streuscheibe bewirkt die Boden- und Seitenausleuchtung. Man darf sie nicht durch eine Klarglasscheibe ersetzen (ist gesetzlich nicht zulässig). Zwar würde man durch eine Klarglasscheibe eine sehr große Reichweite des Scheinwerfers erhalten, doch hätte man kaum eine Seiten- und Bodenausleuchtung vor dem Fahrzeug.
Findet man das Scheinwerferlicht seiner Maschine zu schlecht, so hilft im allgemeinen nur der Einbau eines größeren Scheinwerfers. Auch wenn die Glühlampe gleich bleibt, hat ein Scheinwerfer von z. B. 160 mm ⌀ eine weitaus größere Reichweite als ein Scheinwerfer von 130 mm Lichtaustritt. Der Austausch der Scheinwerfer-Glühlampen ist ohnehin nur selten möglich.
Bei leistungsfähigen Gleich- oder Wechselstrom-Lichtmaschinen hat der Scheinwerfer meist schon die größtmögliche Glühlampe. Bei symmetrischem Abblendlicht 35/35 W, bzw. bei asymmetrischem Abblendlicht 45/40 W. Ein Ersatz der 35/35-W-Scheinwer-

ferlampe durch eine von 45/40 W ist wegen des anderen Lampensockels nicht möglich.
Bei den Magnetzünder-Generatoren der Kleinkrafträder (und Mokick, Moped, usw.) lassen sich die Glühlampen nicht austauschen (auch wenn die Fassungen und Lampensockel es erlauben), da die Glühlampe auf die entsprechende Lichtanlage ausgelegt ist.
Sofern man eine leistungsfähige Lichtmaschine im Motorrad hat, kann man allerdings den Scheinwerfer auf asymmetrisches Abblendlicht umstellen, wobei natürlich der gesamte Scheinwerfereinsatz ausgetauscht werden muß, denn der Reflektor hat eine andere Aufnahme für die 45/40-W-Biluxlampe. Da der Strahlengang bei der asymmetrischen Biluxlampe etwas anders ist als bei der normalen, wird auch eine andere Streuscheibe benötigt. Welcher Einsatz für den eigenen Scheinwerfer in Frage kommt, muß man schon selbst ausprobieren.
Sofern der Umbau fachgerecht durchgeführt ist, hat man keine Schwierigkeiten beim TÜV.

Oben von links nach rechts: Die übliche symmetrische Biluxlampe, Strahlengang des Fernlichts, Strahlengang des Abblendlichts. Unten: Scheinwerfer für asymmetrisches Abblendlicht.

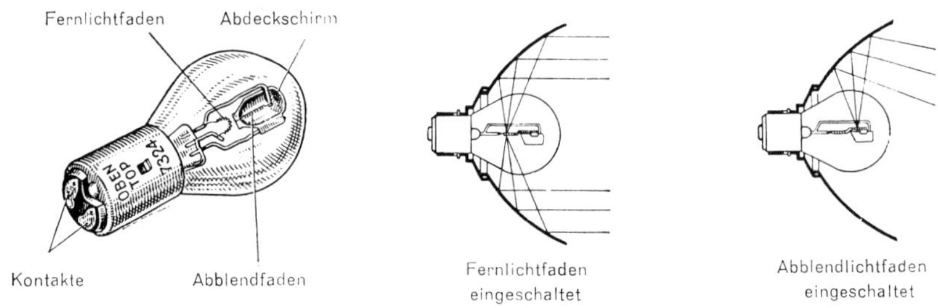

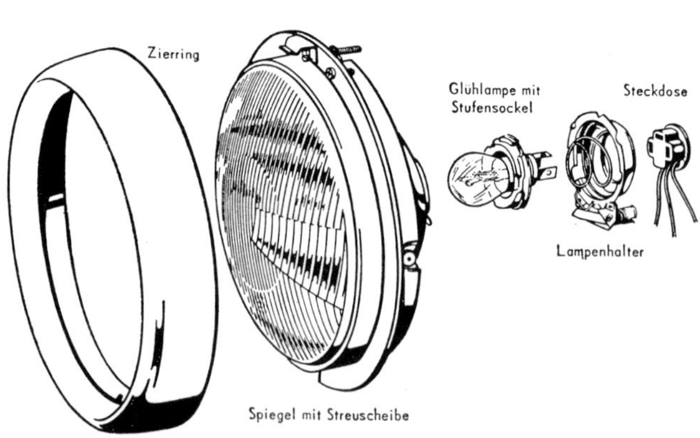

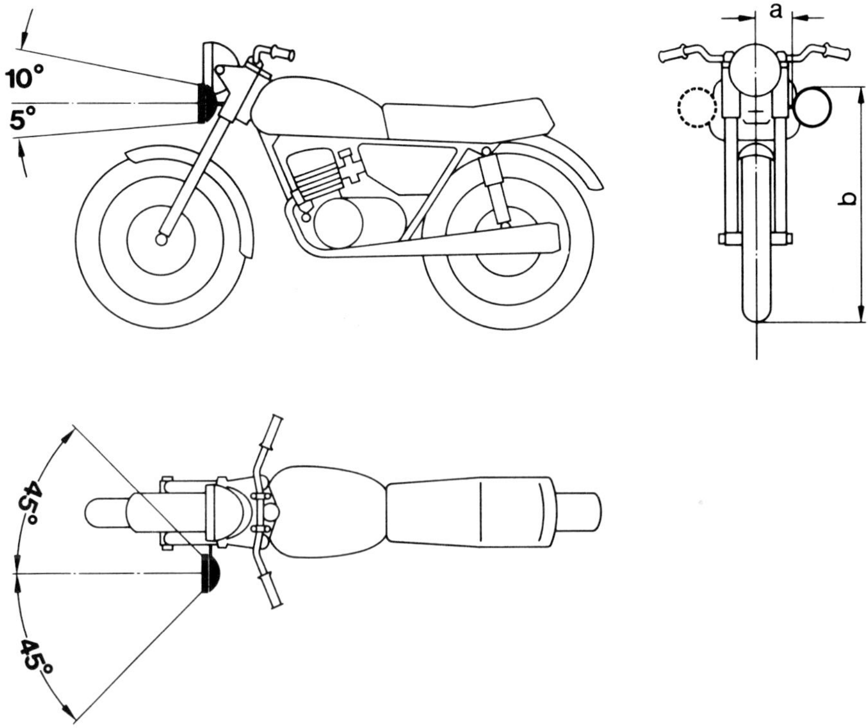

Anordnung von Zusatzscheinwerfern am Motorrad. Es sind nur 1 Fern- und 1 Nebel-Scheinwerfer pro Motorrad zugelassen. Zusätzliche Fernlichtscheinwerfer dürfen am Motorrad sowohl neben, unter oder schräg zum serienmäßigen Scheinwerfer angebracht sein, da sie zusammen mit dem Hauptscheinwerfer bereits aus kurzer Entfernung als eine Lichtquelle empfunden werden.
Nebel-Zusatz-Scheinwerfer dürfen an den Schutzbügeln oder an anderen geeigneten Stellen von Krafträdern angebracht werden. Dabei müssen folgende Bedingungen beachtet werden:
a) Der Abstand zwischen Hauptscheinwerferachse und Nebel-Zusatzscheinwerfer-Achse darf 250 mm nicht überschreiten (rechtes Bild).
b) Die geometrische Sichtbarkeit der gesamten leuchtenden Fläche des Nebel-Zusatzscheinwerfers muß:
nach oben 10°, nach unten 5° (oberes Bild) und horizontal 45° nach beiden Seiten (unteres Bild) betragen.
c) Die Einschaltung des Abblendlichtes zusammen mit dem Nebel-Zusatzscheinwerfer ist sicherzustellen.
Höhe »b« nicht höher als Hauptscheinwerfer.

Halogen-Scheinwerfer

Die Verwendung (bzw. der Anbau von zusätzlichen) Halogenscheinwerfern setzt eine entsprechend leistungsfähige Lichtmaschine voraus. Halogen-Zweifadenlampen haben eine Leistungsaufnahme von 60 W beim Fernlichtfaden, 55 W beim Abblendfaden, Halogen-Einfadenlampen für Fern- oder Nebelscheinwerfer nehmen 55 W auf.
Sind zwei Scheinwerfer zusammen eingeschaltet, so werden demnach mindestens 110 W Lichtleistung benötigt, und das geben nur wenige Lichtmaschinen her. Für die meisten schweren in- und ausländischen Maschinen sind Halogen-Hauptscheinwerfer als Umbausätze, und Halogen-Fern- und Nebelscheinwerfer als Zusatzscheinwerfer von Bosch und anderen Firmen lieferbar.
Ein guter Lieferantennachweis – nicht nur für Scheinwerfer – ist der Anzeigenteil in Zeitschriften wie »Motorrad« oder »PS« (beide im Motorpresseverlag, Stuttgart).

Scheinwerfer-Einstellungen

Bei Motorrädern wird auf einer weißen Einstellwand in Höhe der Scheinwerfermitte ein waagrechter Strich gezogen. Ein weiterer Strich 10 cm unterhalb parallel dazu. Auf diesem Strich wird ein senkrechter Querstrich gezogen, der die Scheinwerfermitte angibt.
Die Maschine wird nun senkrecht zu dieser Prüffläche in Verlängerung des Markierungskreuzes so aufgestellt, daß der

So erfolgt die Einstellung des Abblendlichts vor einem Prüfschirm oder einer Wand. Das Fernlicht wird nicht gesondert eingestellt.

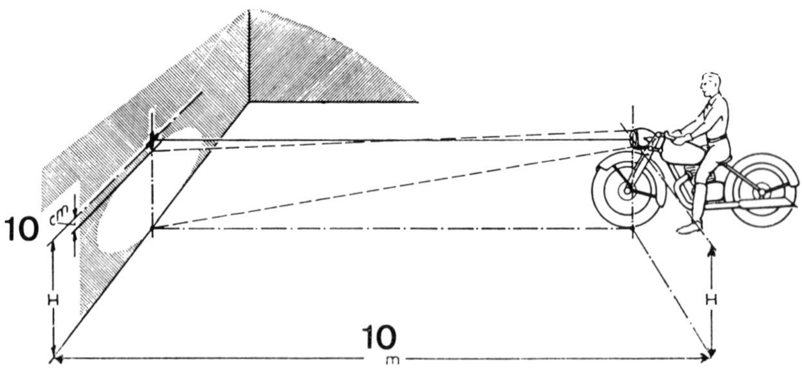

Scheinwerfer 10 m von ihr entfernt ist. Jeder Sitz der Maschine wird mit einer Person oder 70 Kilogramm belastet, wobei ein evtl. angeschlossener Beiwagen leer bleibt.
Die höchste Stelle der Hell-Dunkel-Grenze muß bei symmetrischem Abblendlicht den unteren Trennstrich berühren und über die ganze Schirmbreite möglichst waagrecht verlaufen. (Natürlich bei eingeschaltetem Abblendlicht.) Bei asymmetrischem Abblendlicht darf der »Knick« der Hell-Dunkel-Grenze auf dem Prüfschirm nicht links von der Marke »Scheinwerfermitte« liegen.

Die Scheinwerfer-Glühlampen

Scheinwerfer-Glühlampen sind Verschleißartikel, und ihre Lebensdauer ist nicht allzu hoch. Nach der Norm sollen sie eine mittlere Lebensdauer von 100 Stunden haben. Diese Lebensdauer ist bei 6 V 25/25 W auf eine Prüfspannung von 6,75 V bezogen, bei Glühlampen von 6 V 35/35 W auf eine Prüfspannung von 6,3 Volt. Schon eine geringe Überschreitung dieser Prüfspannung setzt die Lebensdauer herab, doch der von der Glühlampe ausgestrahlte Lichtstrom steigt stark an.
Schon wenn eine Glühlampe nur spürbar geschwärzt ist, sollte man sie der eigenen Sicherheit zuliebe austauschen, denn der geschwärzte Glaskolben frißt sehr viel Licht.
Neben diesen Glühlampen, die normal gealtert sind, gibt es aber auch Glühlampen mit Garantieschäden. In erster Linie sind es solche mit sogenannten »Luftziehern«, wobei infolge eines Fertigungsfehlers Luft durch einen Haarriß in den Glaskolben gelangt ist. Hierdurch verbrennen die Glühfäden der Lampe, und der entstehende Metalldampf schlägt sich am Glaskolben als bläuliche oder gelblich-weiße Verfärbung nieder. Außerdem gibt es spröde Glühfäden, die direkt an den Stützdrähten abgebrochen sind, sowie schlechte Schweißstellen, wobei sich der Glühfaden vom Stützdraht gelöst hat. Hierbei handelt es sich immer um Garantiefälle.

Die auf der nachstehenden Doppelseite angegebenen Bilder zeigen die bei Motorrädern gebräuchlichen Glühlampendarstellungen.

		Verwendung	V	W	Osram Nr.	DIN 72 601
Halogenlampen	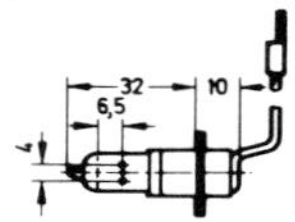	H 3-Lampe für Fern-, Nebel- und Arbeitsscheinwerfer	6 12	55 55	64147 64151	YC 6 V 55 W YC 12 V 55 W
	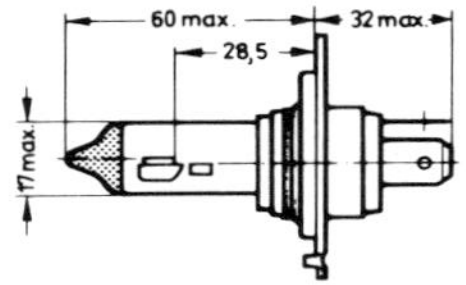	H 4-Lampe für Scheinwerfer mit asymmetrischem Abblendlicht	12 12	60/55 60/55	64193 64193 G[1])	12 V 60/55 W 12 V 60/55 W
Zweidrahtlampen	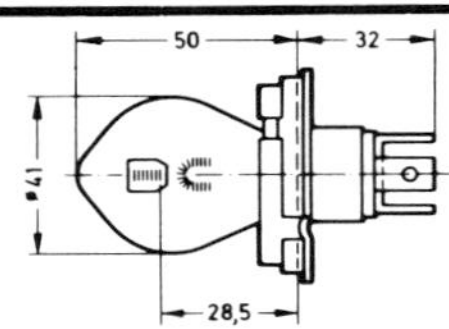	für Scheinwerfer mit asymmetrischem Abblendlicht	6 12	45/40 45/40	7950 7951	A 6 V 45/40 W A 12 V 45/40 W
	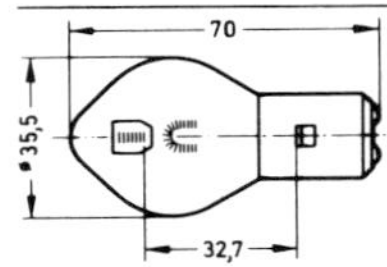	für Scheinwerfer mit symmetrischem Abblendlicht	6 6 12	25/25 35/35 35/35	7323 7324 7327	B 6 V 25/25 W B 6 V 35/35 W B 12 V 35/35 W
	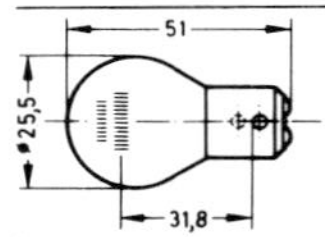	für Blink-Brems- Schlußleuchten, Brems- Schlußleuchten und Blink- Begrenzungsleuchten	6 6 6 12 12 12	18/5 20/5 21/5 18/5 20/5 21/5	7230 7440 7517 7231 7241 7528	S 6 V 18/5 W — SL 6 V 21/5 W S 12 V 18/5 W — SL 12 V 21/5 W

Eindrahtlampen Kugellampen	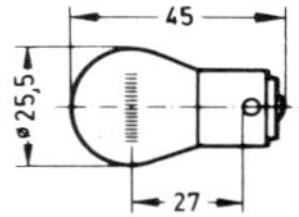	Blink-, Brems- und Begrenzungslicht	6 6 12 12	15 18 15 18	7523 7526 7533 7527	F 6 V 15 W R 6 V 18 W F 12 V 15 W R 12 V 18 W
	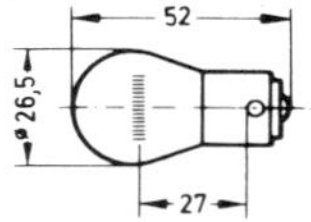	Blink-, Brems- und Begrenzungslicht	6 12	21 21	7501 7506	RL 6 V 21 W RL 12 V 21 W
	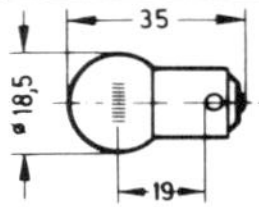	für Kennzeichen-, Schluß- und Begrenzungslicht	6 6 6 12 12 12	3 5 10 3 5 10	5002 5006 5001 5004 5007 5008	— G 6 V 5 W G 6 V 10 W — G 12 V 5 W G 12 V 10 W
Röhrenlampen	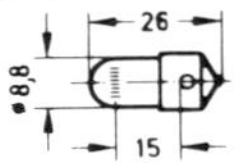	für Kennzeichen-, Park- und Begrenzungslicht	6 12	4 4	3892 3893	HL 6 V 4 W HL 12 V 4 W
	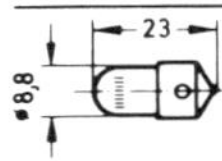	für Anzeigeleuchten und Begrenzungslicht	6 12	2 2	3895 3796	H 6 V 2 W H 12 V 2 W
	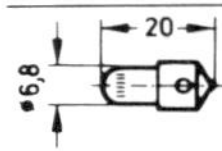	für Instrumenten- und Innenbeleuchtung	6 12	1,2 2	3799 3898	J 6 V 1,2 W J 12 V 2 W
		für Anzeigeleuchten in Schaltern (mit Glassockel)	6 12	1,2 1,2	2701 2721	W 6 V 1,2 W W 12 V 1,2 W

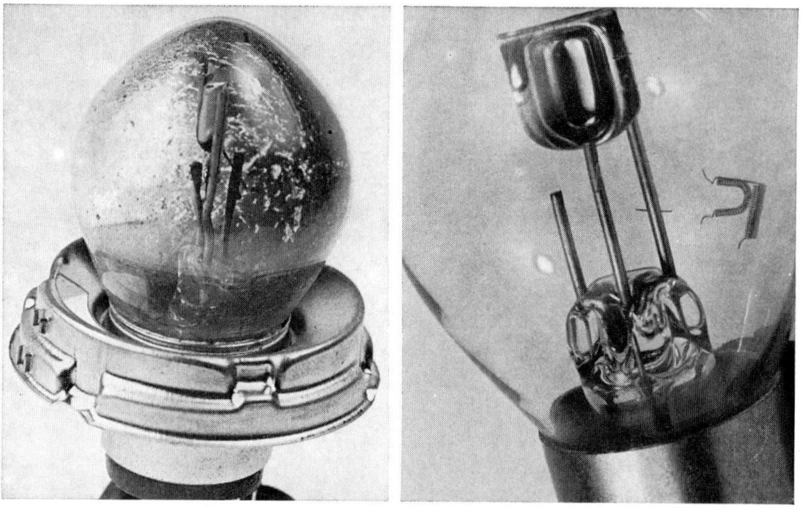

Links: Diese Glühlampe ist durch einen sogenannten Luftzieher unbrauchbar geworden. Hierbei ist Luft in den Glaskolben gelangt und die Glühfäden sind regelrecht verbrannt. Erkenntlich am milchig-weißen bis gelblich-bläulichen Belag. Die hellen Stellen sind durch die abgefallenen und herumtanzenden Gühfäden entstanden. Rechts: Hier sind die Glühfäden kurz nach den Anschweißpunkten abgebrochen. Ursache: Zu spröder Glühfadendraht.

Im Betrieb schwärzen sich die Glaskolben der Biluxlampen ziemlich stark. Die linke Glühlampe hat eine Betriebszeit von zirka 40 Stunden hinter sich, die mittlere zirka 20 und die rechte von zirka 5.

Die Nebelscheinwerfer

Beim Auto sind tief angebrachte Nebelscheinwerfer vielfach besser als das normale Abblendlicht, da der Nebel in Bodennähe meist nicht allzu dicht ist und das Licht der Nebelscheinwerfer den Nebel »unterstrahlen« kann. Beim Motorrad, bei dem ebenfalls Nebelscheinwerfer zulässig sind, müßten diese (zumindest an der Solomaschine) an der Gabel befestigt sein und dort sind sie den Lenkeigenschaften nicht sehr zuträglich.

Bekanntlich kann man bei Nebel nicht mit Fernlicht fahren, denn das Fernlicht strahlt die schwebenden Wassertropfen des Nebels so an, daß man direkt in die Milchsuppe fährt. Nun treten aber auch bei Abblendlicht noch Lichtstrahlen nach oben aus dem Scheinwerfer aus, die eine sogenannte »weiße Wand« aufbauen. Zum Herausfangen dieser nach oben austretenden Lichtstrahlen gab es früher Motorradscheinwerfer mit einem Blendlöffel vor der Biluxlampe. Dieser Blendlöffel verhinderte den Austritt der meisten Direktstrahlen, und der Rest wurde von einem schmalen Lichtschirm an der Oberkante des Scheinwerfers herausgefangen. Motoradscheinwerfer mit solch einem Blendlöffel gibt es heute kaum noch, man muß sich einen solchen selbst einbauen.

Solche Blendlöffel, die aus einem normalen Abblendlicht schon ein fast volltaugliches Nebellicht machen, sind vielfach in italienischen Scheinwerfern an alten FIAT-Fahrzeugen auf dem Auto-Friedhof zu finden. Wenn man sich einen derartigen Scheinwerfer besorgt, so bereitet es sicher keine großen Schwierigkeiten, den Blendlöffel für den Scheinwerfer des eigenen Fahrzeuges passend zu machen. (Er muß ziemlich nahe an der Biluxbirne sitzen, damit er möglichst viel Direktlicht herausfängt.) Den Rest des nach oben strahlenden Direktlichts fängt man dann mit einem Lichtschirm heraus. Ein 5 cm langer Lichtschirm reicht vollkommen aus. Damit man bei dessen Anbringung keinen Ärger mit dem TÜV hat, sei hier ein Paragraph vorweggenommen:

§ 32 StVZO – Anmerkung 25), (2) 9.

Lichtschirme und vorgezogene Teile an Fz.-Leuchten, z. B. an Scheinwerfern, müssen einen gut abgerundeten und ausreichend breiten Rand haben mit einem Abrundungshalbmesser von min-

destens 2,5 mm; ragen die Teile um einen bestimmten Wert (in mm) über den Scheitel der Abschlußscheibe hinaus, muß der Abrundungshalbmesser um 1/10 dieses Wertes (in mm) größer sein, wobei jedoch ein Halbmesser von 5 mm genügt. Andernfalls sind sie nur zulässig, wenn sie nachgiebig sind oder leicht brechen und dabei keine scharfen Kanten oder Splitter bilden.
(Wenn jemand unbedingt Nebelscheinwerfer an seiner Maschine anbauen will, so gilt hierfür der § 52, der StVZO, der im letzten Abschnitt zitiert wird.)

Die Blinker

Während sie für Motorräder über 50 ccm, die nach dem 1. 1. 1962 in den Verkehr kamen, vorgeschrieben sind, sind sie bei kleineren Fahrzeugen nicht erforderlich (werden hier Blinker angebracht, so müssen sie allerdings den gesetzlichen Vorschriften entsprechen).
Die beim Motorrad gebräuchlichen Blinkgeber zur Steuerung der Blinkleuchten arbeiten entweder nach dem Hitzdraht- oder dem Schnappfeder-Prinzip. Reparieren kann man an diesen Blinkgebern selbst nichts.
Fällt eine Blinkleuchte ganz aus, so fällt der Verdacht meist zuerst auf eine durchgebrannte Glühlampe. Sofern die Blinkleuchte der anderen Fahrzeugseite noch einwandfrei arbeitet, hat der Blinkgeber keinen Schaden. Ein Fehler kann natürlich auch in der Zuleitung oder im Blinkerschalter liegen.
Haben die Blinkleuchten einen zu langsamen Rhythmus und ändert sich dieser auch beim Gasgeben – also beim Spannungsanstieg der Lichtmaschine – nicht, so liegt der »Wurm« entweder im Blinkgeber oder an schlechten Kontakten. (Blinkgeber selbst, Blinkerschalter, Blinkleuchten.) Sofern die Blinkleuchten auf beiden Fahrzeugseiten im Rhythmus verlangsamt sind, wird wahrscheinlich der Blinkgeber defekt sein. Ist nur der Rhythmus auf einer Fahrzeugseite verlangsamt, so liegt es an der Stromzuführung zu dieser. In diesem Fall kann man sich vielfach dadurch helfen, daß man die vorher verwendete Glühlampe von 21 Watt durch eine 18-Watt-Glühlampe ersetzt bzw. die vorher

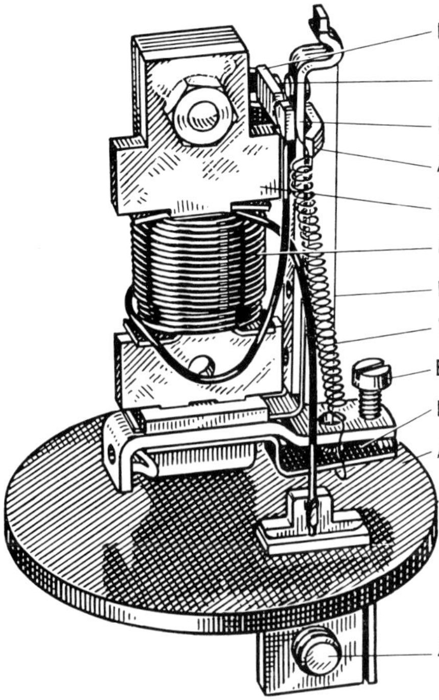

Innenaufbau eines Hitzdraht-Blinkgebers mit Magnetwicklung. Daneben finden sich beim Motorrad auch Hitzdraht-Blinkgeber mit Schnappfeder.

verwendete Glühlampe von 18 Watt durch eine 15-Watt-Glühlampe. Hierdurch wird der Blinkrhythmus schneller. Zulässig ist diese Methode eigentlich nicht und auf keinen Fall fachgerecht. Die Ursache des zu langsamen Blinkens (Übergangswiderstände oder gealterter Blinkgeber) werden dadurch ja nicht behoben, sondern nur verschleiert.
Heute finden sich fast nur noch elektronische Blinkgeber, die praktisch mit konstanter Frequenz arbeiten.

Das Signalhorn

Heutige Hörner sind durchweg recht primitiv aufgebaut: ein einfacher lamellierter Blechkern mit einer Magnetwicklung und darüber sitzt an einer Membran wieder einmal der sogenannte »Anker«. Außerdem ist noch ein automatischer Unterbrecher vorgesehen, der vom Anker »bedient« wird. Bei stromlosem Horn sind die Kontakte dieses Unterbrechers geschlossen, und wenn der Horndruckknopf gedrückt wird, fließt ein Strom durch die Magnetwicklung. Der Anker wird dabei angezogen und die Membran durchgebogen. Der angezogene Anker drückt auf einen isolierten Federbügel, an dem der eine Unterbrecherkontakt befestigt ist, und trennt so die Kontakte. Hierdurch wird die Magnetwicklung wieder stromlos, der Anker federt zurück, die Unterbrecherkontakte schließen sich wieder, der Stromfluß in der Magnetspule kommt wieder zustande, der Anker wird wieder angezogen – und so weiter. Hierdurch ergeben sich das Schwingen der Membran und der Hornton.

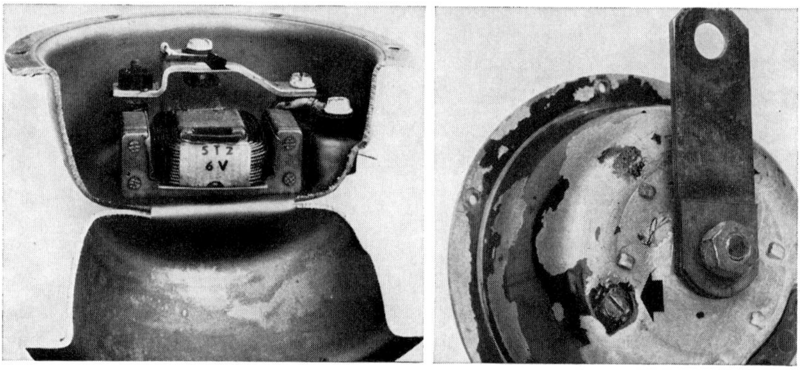

Links: Aufgeschnittenes Signalhorn. Man erkennt deutlich die Magnetwicklung und den lamellierten Weicheisenkern. Der Pfeil zeigt auf den Unterbrecherträger, der vom Membrananker heruntergedrückt wird. Rechts: Der Pfeil zeigt auf die Einstellschraube des Horns, mit der der Ton neu eingestellt werden kann.

Früher hatten Hörner noch einen Kondensator, der das Funkenlöschen an den Unterbrecherkontakten übernahm, doch heute verzichtet die Industrie meist darauf, denn schließlich soll das Horn ja nicht länger leben als die ganze Maschine.

Normalerweise sind Defekte am Horn sehr selten, aber es kommt schon vor, daß sich das Horn in seiner Lautstärke und im Klang verändert.

Auf der Rückseite eines Horns findet man immer eine Einstell-

schraube, mit der der Unterbrecherkontaktsatz des Horns verstellt werden kann. Durch eine Verstellung dieser Schraube kann man wieder den richtigen Ton erzielen.
Wenn man die Einstellschraube nach rechts dreht, wird der Träger, an dem die Unterbrecherkontakte sitzen, gegen eine Feder angezogen. Es kommt schließlich der Punkt, an dem der vom Magnetkern angezogene Anker den Unterbrecher nicht mehr trennen kann. Beim Drücken des Horndruckknopfes ertönt jetzt nur noch ein einmaliges kurzes Knacken. Hierbei wird die Wicklung des Horns vom Strom durchflossen und der Magnetkern zieht den Anker an, aber dieser kann sich nicht mehr vom Magnetkern lösen, da der Anker die Kontakte nicht trennt. Solange der Horndruckknopf betätigt wird, wird die Magnetwicklung jetzt vom Strom durchflossen.
Sofern man nun bei geschlossenem Stromkreis die Einstellschraube langsam nach links dreht, wird schließlich der Hornton einsetzen und zunehmend kräftiger werden. Zur genauen Einstellung muß man den Schraubenzieher jeweils kurz vom Horn wegnehmen, denn dieses muß frei schwingen können. Durch ganz vorsichtiges Drehen findet man schließlich den Punkt der größten Lautstärke. Diese Einstellung kann man allerdings nur vornehmen, wenn das Horn mit der zugehörigen Blattfeder an der Maschine festgeschraubt oder in einen Schraubstock eingespannt ist.
Hält man die Lautstärke des serienmäßigen Horns nicht für ausreichend, so kann man ein Starktonhorn montieren, das jedoch keine größere Lautstärke als 104 DIN-Phon haben darf.

Die Wechselstrom-Schnarre

Oft besteht der Wunsch, eine solche Schnarre an einem 50er-Kleinkraftrad durch ein richtiges volltönendes Horn ersetzen zu wollen. Das ist leider nur dann möglich, wenn das Fahrzeug eine Batterie hat, denn ein Horn läßt sich nur mit Gleichstrom betreiben.

Man muß sich nur zu helfen wissen

Störungen in der Zündanlage

Um Störungen in der elektrischen Anlage aufzufinden, braucht man Ruhe und logisches Denken. Das gilt ganz besonders für Zündstörungen, die sowohl im Niederspannungskreis wie auch im Hochspannungskreis liegen können. Nur nicht nervös werden. Wie schon zu Anfang des Buches gesagt, brauchen wir nur die Zündung, um ein Motorrad zum Laufen zu bringen. Wo aber muß man hinfassen, wenn der Motor nicht mehr anspringen will oder unterwegs aussetzt? Da gibt es so viele Möglichkeiten, daß wir zuerst einmal die Fehler einteilen müssen.

1. Der Motor springt nicht an
2. Der Motor setzt schlagartig aus
3. Der Motor hat Zündaussetzer
4. Die Motorleistung ist stark verringert

a) Batteriezündung
b) Magnetzündung mit Zündanker
c) Magnetzündung mit außenliegender Zündspule.

Das Werkzeug zur Fehlersuche

Eine Prüflampe; man kann sie für ein paar Mark kaufen oder selbst basteln. Käufliche Prüflampen haben vielfach im Abtastgriffel, in dem die Glühlampe sitzt, unter einer abschraubbaren Spitze eine Nadel, mit der man isolierte Kabel anpicken und so auf Stromführung untersuchen kann.

Einen Funkenstrecker, den man in die Zündleitung einsetzen kann, gab es früher von der Firma Beru zu kaufen, jetzt höchstens noch aus alten Lagerbeständen. (Vielleicht legt man so etwas noch einmal auf Band.)

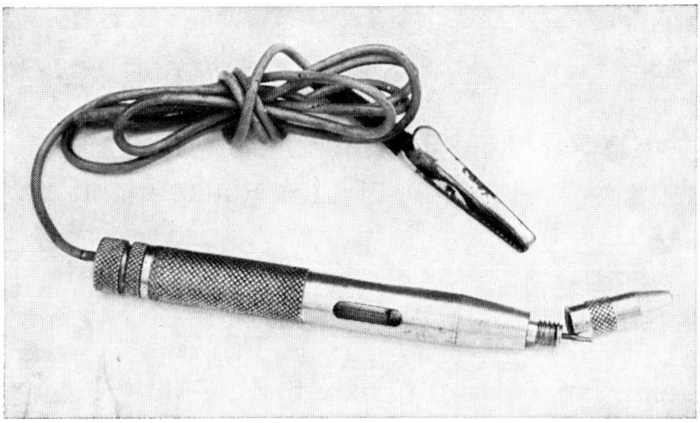

Käufliche Prüflampen haben unter einer abschraubbaren Spitze eine scharfe Nadel, mit der man Leitungsisolierungen durchpicken und so feststellen kann, ob die Leitung „Strom“ führt.

Der Selbstbau ist aber sehr einfach: Ein Stück Zündkabel in einen Kerzenstecker eindrehen, Kabel etwa zwei Zentimeter hinter dem Stecker abschneiden. Ein etwa sechs Zentimeter langes Stück Scheibenwascherschlauch in der Werkstatt besorgen. Eine Holzschraube, die stramm in den Scheibenwascherschlauch hineingeht, zuerst in das abgeschnittene Zündkabelende des Kerzensteckers hineinschrauben, Kopf abschneiden und Scheibenwascherschlauch aufdrehen. Längere Stiftschraube von 4 mm

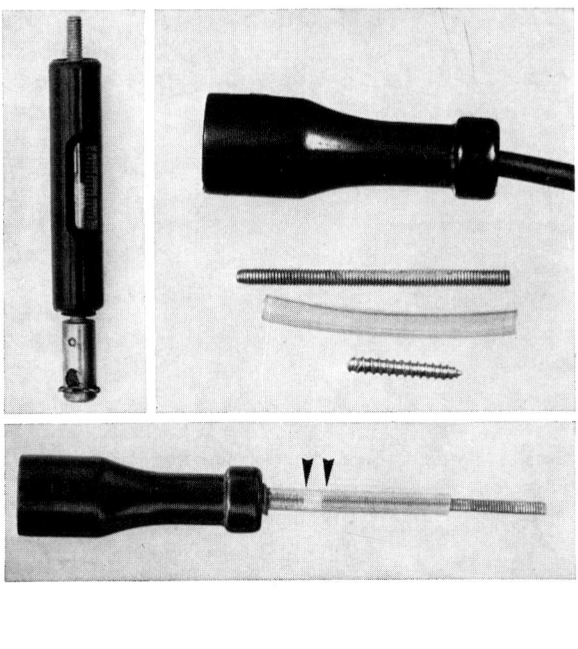

Links der erwähnte Beru-Funkenstrecker, rechts das Material zum Selbstbau eines solchen. Darunter der zusammengebaute Funkenstrecker. Die Pfeile zeigen den eingestellten Spalt.

⌀ besorgen, muß leicht im Scheibenwascherschlauch gleiten, aber wie Kerzenmittel-Elektrode in Kerzenstecker einrasten. Wenn der Hilfskerzenstecker auf die Kerze aufgesteckt und der serienmäßige Kerzenstecker auf die Stiftschraube aufgesteckt wird, kann man durch Verschieben der Stiftschraube einen entsprechenden Luftspalt herstellen.

Was ist möglich?

Bei allen oben angeführten Fehlern denke man zuerst an Kunibert Hintermoser bzw. daran, ob noch Sprit im Tank ist!
Gewiß, die aufgeführten Fehler können auch am Vergaser bzw. in der Kraftstoffzuführung zu suchen sein, aber wir müssen bei der Zündung bleiben. Nicht alle Störungsursachen lassen sich aufführen, doch die Art, in der man vorgehen muß, wird durch die Beispiele wohl verständlich.

So kann man an einem Motor, an dem ein eingeschraubter Stromabnehmer verwendet wird, feststellen, ob die Zündspannung evtl. durch diesen zur Masse kriecht. Man setzt eine Schraubenzieherklinge auf die Anschlußklemme des Zündankers und tritt den Motor durch. Zwischen Schraubenzieherklinge und Motorgehäuse muß jetzt ein Funke überschlagen.

1. Der Motor springt nicht an

Zu a): Hat die Batterie noch »Saft«? (Scheinwerfer einschalten.)
Zu a), b), c): Wenn ja, Funkenstrecker einsetzen; springt bei etwa 5 mm Strecke ein Funke über, wenn der Motor durchgedreht wird? Wenn nein, Kerzenstecker abschrauben, Zündkabel 5 mm von Masse halten. Springt ein Funke über, so liegt es am Kerzenstecker, Entstörwiderstand ist defekt.
Zu a), b), c): Sind alle Leitungen – soweit eine Kontrolle durch Sichtprüfung möglich ist – an der Zündspule bzw. am Zündanker angeschlossen und nicht abgebrochen?
Zu a): Erhält die Klemme 15 der Zündspule überhaupt Strom? Siehe Kontakte am Zündschalter und alle Leitungsanschlüsse.
Zu a): Kommt an Klemme 1 der Zündspule bei geöffnetem Unterbrecher überhaupt Strom heraus? (Siehe auch den folgenden Abschnitt über den abgedrehten Zündspulenanschluß.)
Zu b), c): Klemmt der Kurzschlußknopf (Klemme 2) oder öffnet sich der Zündschalter für Klemme 2 überhaupt?
Zu b): Kann der Zündfunke an der Kerze überspringen oder geht die Spannung schon vorher verloren, d. h. kriecht sie oder schlägt sie innerhalb des Motors oder des Zündstromabnehmers an Masse?
Zu a), b), c): Öffnet sich der Unterbrecher beim Durchdrehen des Motors? Ist beim Durchdrehen des Motors ein kleines Öffnungsfünkchen zwischen den Unterbrecherkontakten zu sehen? Fehlendes Fünkchen oder starker Funke zeigen Kondensatorschaden an.

2. Der Motor setzt schlagartig aus

Zu a), b), c): Setzt der Motor beim Durchfahren einer Wasserpfütze plötzlich aus, so ist die Sache klar: es ist Wasser auf die Zündspule oder in die Anlage gelangt und die Zündspannung kriecht sofort zur Masse.
Ist der Zündschlüssel wegen mangelhafter Rastung heraus- oder hochgesprungen?

Ist auf der sichtbaren Strecke ein Kabel abgefallen oder abgebrochen (Zündspule, Batterie, Zündkerzenstecker)?
Zu a), b), c): Sind die Zündkerzenelektroden durch »Brückenbildung« (Verunreinigung durch Ablagerungen im Zylinderkopf, angesaugten Staub, der sich mit dem Bleigehalt des Kraftstoffs verbunden hat) zugesetzt? Funkenstecker zwischen Zündkerze und Zündkabel einsetzen. Springt Funke daran über, so kann es eine Brückenbildung an den Kerzenelektroden sein, denn diese bildet ja immer noch einen Weg für die Zündspannung. Kerze kontrollieren.
Ergibt sich kein Zündfunke, Kerzenstecker am Zündkabel abschrauben und Kabel etwa 5 mm von Motormasse halten. Springt jetzt Funke über, so liegt es am Entstörstecker. (Er **kann** schlagartig aussetzen, ist allerdings sehr selten; ein defekter Entstörwiderstand ergibt meist nur Zündaussetzer, verminderte Motorleistung oder erschwert das Anspringen.)
Hat sich am Zündschloß im Scheinwerfer ein Kabel gelöst? Arbeitet der Unterbrecher noch?
Zu b), c): Stimmt der Zündzeitpunkt überhaupt noch oder ist vielleicht der Keil der Schwungscheibe abgeschert?

3. Der Motor hat Zündaussetzer

Zu a), b), c): Haben sichtbare Leitungen Wackelkontakt? Wenn nein, Entstörstecker abschrauben und direkten Anschluß des Kerzenkabels an der Zündkerze vornehmen (Isolierung des Kabels entfernen, Seele an der Zündkerzen-Mittelelektrode verdrillen).
Sind Zündaussetzer immer noch da, Zündkerze herausschrauben und auf beginnende Brückenbildung kontrollieren; hat Isolator evtl. einen glasähnlichen Überzug? Neue Kerze einsetzen.
Immer noch Zündaussetzer? Kabelführung und Zündschloß anschauen.
Zu a) und c): Falls möglich, direkte Stromzuführung zur Klemme 15 der Zündspule unter Umgehung des Zündschlosses ziehen.
Zu b): Kurzschlußleitungen an Klemme 2 (Zündschloß oder Kurzschlußknopf) lösen und isolieren.

Zu a), b), c): Wackelkontakt innerhalb der Zündanlage oder Lichtmaschine suchen. Arbeitet der Unterbrecher noch richtig? Starkes Feuer an den Unterbrecherkontakten (Kondensatorschaden)? Sitzt Kondensator noch fest in der Einpressung bzw. sind Befestigungsschrauben (Schelle) noch angezogen?
Ist die Isolierbuchse ausgeschlagen oder klemmt sie auf ihrer Achse? Ist das Unterbrecher-Schleifklötzchen noch fest, oder hat sich die Nietung am Unterbrecherhebel gelockert?

4. Die Motorleistung ist stark verringert

Zu a), b), c): Mit großer Wahrscheinlichkeit handelt es sich (sofern überhaupt eine Zündstörung vorliegt) um eine Verstellung des Zündzeitpunkts. Sitzen Grundplatte bzw. Unterbrecherträger der Lichtmaschine oder der Schwunglichtanlage noch richtig fest oder haben sich die Schrauben gelockert? Hat sich das Schleifklötzchen des Unterbrecherhebels in letzter Zeit stark abgenutzt? Hängen die Fliehgewichte der automatischen Zündverstellung? Feuern die Unterbrecherkontakte vielleicht mehr als normal (Kondensatorschaden)?
Wie gesagt, die Aufstellung soll nur Hilfestellung bieten, etwas muß man seinen Grips schon selbst anstrengen!

Improvisationen – Arbeiten im Urwald und ähnlichen Gegenden

Absolut wörtlich sollte man den Urwald nicht nehmen, denn ich habe noch keinen gesehen. Es gibt aber Gegenden und Situationen, in denen man ebenso verlassen ist.
Diese Verlassenheit kann sich auf eine nicht vorhandene Werkstatt beziehen, auf nicht greifbare Ersatzteile oder auf die leere Geldbörse.
Sie glauben gar nicht, wie findig Sie werden, wenn Sie mit Ihrem Fahrzeug nur auf sich gestellt sind und fremde Hilfe nicht vorhanden oder zu teuer ist.
Meine stolzeste Leistung:
Vor einigen Jahren sollte ich einen italienischen Motorroller von Nürnberg nach Stuttgart fahren, weil er dort einen Besitzer ge-

funden hatte. Kurz vor Ansbach stellt die Zündung ihre Arbeit ein, und ich begann mit der Suche nach dem Fehler. Ein vorbeikommender Motorradfahrer hielt an und schleppte mich drei Kilometer bis Ansbach. Dort stellte ich dann an einer Tankstelle fest, daß der Zündanker der Magnetzündung defekt war.
Da Ersatzteile für diesen Motorroller in Ansbach natürlich nicht zu bekommen waren, wollte ich schon den Zündanker ausbauen und mit der Bahn nach Nürnberg zurückfahren. Im Gespräch mit dem Motorradfahrer stellte sich dann heraus, daß er MOTORRAD-Leser war und meine Artikel über die Elektrik kannte.
Da sich mittlerweile noch einige interessierte Zuschauer eingefunden hatten, stach mich der Hafer, und ich wollte ihnen zeigen, daß diese Zeitschrift wirklich Fahrpraxis und Fahrzeugtechnik bringt und keine Theorie; ich erklärte, daß ich den Motorroller von Magnetzündung auf Batteriezündung umstellen würde.
Was die Zuschauer von mir und meinem Einfall hielten, konnte man deutlich von den Gesichtern ablesen: »Armer Irrer!«
In der Zeit, in der ich mir in einem Motorradgeschäft eine Batterie-Zündspule besorgte, wurde die Batterie des Motorrollers (die fürs Standlicht vorgesehen war) an das Ladegerät der Tankstelle gehängt, damit sie gut geladen sei.
Die Batteriezündspule – eine Einbauzündspule – wurde mit etwas Draht an der Karosserie befestigt, die nötigen Leitungen zum Unterbrecher sowie der Batterie gelegt und ein Zündkabel zur Zündkerze gezogen. Die Gesichter, die die Zuschauer machten, als der Motorroller nach dem Antreten wirklich lief, werde ich nie vergessen.
Auf diese Weise kam ich doch noch nach Stuttgart, wo die Zündanlage dann wieder auf »Normalbetrieb« umgestellt wurde.
Natürlich gibt es Störungen in der Zündanlage, wo auch die größte Improvisations- und Erfindergabe nicht mehr hilft, doch dürfte das bei hundert Störungen vielleicht einmal der Fall sein.

Der abgedrehte Zündspulenanschluß

Die am Rande der Autobahn stehende Isetta mit dem bastelnden Fahrer weckte mein Interesse. (Es hätte genausogut ein Motor-

Die Ankergrundplatte des im Text erwähnten italienischen Motorrollers. Der Zündanker ist schon abgebaut.

rad mit Batteriezündung sein können – die Fehlersuche und -behebung wäre die gleiche gewesen –, weshalb der Fall hier erzählt wird.)

Als ich hinzu kam, hatte der Besitzer immerhin schon festgestellt, daß kein Zündfunke mehr vorhanden war.

Durch Untersuchungen mit der Prüflampe ergab sich schnell, daß wohl an Klemme 15 der Zündspule Strom vorhanden war, an der Klemme 1 (bei abgehobenem Unterbrecher) aber nicht mehr, die Primärwicklung der Zündspule also unterbrochen war.

Bei genauer Betrachtung der Zündspulen-Anschlüsse für die Leitung vom Zündschloß zur Zündspule und von der Zündspule zum Unterbrecher konnte man sehen, daß diese wahrscheinlich ohne jedes Gefühl angezogen worden waren, denn die Mutternkanten waren durch einen abrutschenden Schlüssel verdorben. Schon beim Abschrauben der Mutter von der Klemme 1 fiel der Schraubenstummel mit der Mutter ab.

Die Diagnose war klar; durch das gewaltsame Anziehen der Mutter war der in die Bakelitkappe eingegossene Messingstutzen der Anschlußklemme verdreht worden, und dabei war das Ende der in diesen Messingstutzen eingelöteten Primärwicklung abgeschert worden. Nicht ganz, denn sonst hätte die Zündung ja nicht mehr arbeiten können, aber immerhin so weit, daß nur noch eine Spur von Verbindung zurückblieb, und diese hat sich dann im Laufe der Zeit durch die Erschütterungen ganz gelöst. (Schließlich wird es bei weiterem Anziehen der Mutter einen Knacks gegeben haben, und der »Hercules« hatte mit dem Anziehen aufgehört. Da der Stummel nicht herabfiel und die Zündung arbeitete, ließ er die Sache auf sich beruhen. Der Fahrzeugbesitzer schwor Stein und Bein, daß das in einer Werkstatt

Die Batterie-Einbauzündspule wurde innerhalb des Beinschutzschilds mit Draht an einer Schraube aufgehängt. (Weißer Pfeil.) Die eine Leitung führt direkt zum Pluspol der Batterie, die andere zum Unterbrecher.

Der abgebrochene Zündspulenanschluß. Links: Am Stummel der Primärwicklung wurde das Behelfskabel angelötet. Rechts oben: Der vorsichtig abgesägte Anschlußstummel. Rechts unten: Das aus dem Isolierkörper herausragende Ende der Primärwicklung in mehrfacher Vergrößerung.

passiert sein müsse, aber ich kann mir schlecht vorstellen, daß selbst der jüngste Stift so wenig Gefühl hat.)

Nun, eine Zündspule war schlecht zu besorgen, da Sonntag war, und man hätte höchstens die Straßenwacht anrufen können.

Es blieb nur die Überlegung, daß man das Ende der Primärwicklung freilegen müsse, um dort einen Anschlußdraht anlöten zu können. Mit einer feinen Metallhandsäge wurde die Bakelitummantelung, scharf am Messingstutzen vorbei, bis zur gewölbten Oberfläche der Bakelitkappe eingesägt. Durch vorsichtiges Abbröckeln der Bakelitummantelung wurde der Messingstutzen freigelegt und abgenommen. Dabei erschien auch das hinausführende Ende der Primärwicklung.

Ein Stück Kabel wurde um den Hals der Zündspule geschlungen, verknotet und an das freiliegende Ende der Primärwicklung gelötet. (Die Verschlingung und Verknotung war nötig, damit das Behelfskabel nicht von der zarten Lötverbindung abgerissen wurde.)

Der Kabelschuh des zum Unterbrecher führenden Kabels wurde mit dem Kabelschuh des Behelfskabels verschraubt, und das Fahrzeug lief wieder!

(Sie werden sagen, daß sich eine solche Behelfsreparatur nur dann durchführen läßt, wenn wenigstens ein Haus in der Nähe ist und man dort einen Lötkolben findet. Irrtum, von der Firma Ersa gibt es kleine Lötkolben, die aus der Fahrzeugbatterie gespeist werden können!)

Es erhebt sich noch die Frage, wie man feststellen könnte, an welchem Anschluß die Wicklung abgerissen ist, sofern das nicht – wie im vorliegenden Fall – offenkundig ist. Da die dünne Sekundärwicklung im Innern der Zündspule mit der dicken Primärwicklung verbunden ist, legt man einen Batteriepol mit einem Kabel an den Hochspannungsanschluß der Zündspule – die Klemme 4 –, und mit einem an den anderen Batteriepol angeschlossenen Kabel tastet man die Klemmen 1 und 15 der Primärwicklung ab. An der Klemme, an der die Primärwicklung nicht abgebrochen ist, entsteht ein Fünkchen, das aber so winzig ist, daß man es nur in der Dunkelheit sieht. Der Widerstand der Hochspannungswicklung ist ja so groß, daß von der Batteriespannung praktisch nichts übrigbleibt.

(Um ganz ehrlich zu sein, mit der Straßenwacht und einer neuen Zündspule wäre die Sache vielleicht eher erledigt gewesen, aber ab und zu muß man sich selbst beweisen, daß man auch ausgefallene Schäden beheben kann.)

Anschieben bei Batteriezündung und leerer Batterie

Wie schon gesagt, ist die Verbindung von der Lichtmaschine zur Batterie durch den Rückstromschalter so lange unterbrochen, wie die Lichtmaschinenspannung unterhalb der Batteriespannung liegt, die Einschaltdrehzahl der Lichtmaschine also noch nicht erreicht ist.

Erst dann, wenn die Lichtmaschinendrehzahl so hoch ist, daß

die von der Lichtmaschine erreichte Spannung einen Strom auch in eine gut geladene Batterie schicken kann, schließt der Rückstromschalter und verbindet die Lichtmaschine mit der Batterie.
Jetzt kann man sogar die Batterie abklemmen; der Motor läuft trotzdem weiter, da der für die Zündanlage benötigte Strom direkt von der Lichtmaschine geliefert wird. Allerdings darf die Drehzahl der Lichtmaschine bei abgeklemmter Batterie nicht unter die Einschaltdrehzahl sinken, da der Rückstromschalter sonst öffnet und die Lichtmaschine keinen Strom mehr abgibt.
Die Einschaltdrehzahl der Gleichstrom-Lichtmaschine entspricht einer verhältnismäßig hohen Motordrehzahl. Will man diese Motordrehzahl beim Anschieben erreichen, so benötigt man schon etwas mehr als nur »Schrittgeschwindigkeit«.
Man kommt aber auch mit einer wesentlich geringeren Schiebegeschwindigkeit aus, doch gehört dazu ein kleiner Kniff.
Es ist ja nicht so, daß die Lichtmaschine unterhalb der Einschaltdrehzahl gar keine Spannung abgibt, sondern die Spannung steigt mit zunehmender Drehzahl von Null aus an.

Die Anlaß-Funkenlänge

Die Batteriezündspulen sind nicht so aufgebaut, daß sie erst bei der vollen Betriebsspannung einen Zündfunken abgeben, sondern schon weit darunter.
Die Bosch-Zündspule vom Typ TJ 6/4 ist z. B. für eine Nennspannung von 6 Volt ausgelegt. Bei dieser Spannung wird an einer Funkenstrecke eine Betriebsfunkenlänge von 9 mm erreicht. Daneben gibt es noch die Anlaßfunkenlänge, die 6 mm bei 3 Volt beträgt und zum Anlassen ausreicht. Die für den Anlaßfunken benötigten 3 Volt kann man zwar nicht an der Klemme 30/51 des Reglers abnehmen, denn dort heißt es: »Alles oder nichts.« Bei ganz entleerter Batterie hat man dort bei stehender Lichtmaschine überhaupt keine Spannung zur Verfügung; bei höherer Lichtmaschinendrehzahl gleich 6,5 Volt.

Wie nimmt man die Anschlüsse vor?

Die mit der Lichtmaschinendrehzahl langsam ansteigende Spannung kann man aber an den Klemmen D+ der Lichtmaschine oder des Reglers abgreifen.
Zum Anschieben mit entleerter oder ausgebauter Batterie löst man das vom Zündschalter an Klemme 15 der Zündspule angeschlossene Kabel und isoliert es. Von der Klemme 15 der Zündspule legt man dann eine Behelfsleitung an Klemme D+ der Lichtmaschine oder des Reglers. Mit steigender Schiebegeschwindigkeit und Motordrehzahl steigt die Spannung, und meist erreicht man die für einen ausreichenden Zündfunken erforderliche Spannung schon bei einer Lichtmaschinendrehzahl unter 1000 U/min. Die Batterieklemmen braucht man nicht zu lösen, denn einen Spannungsverlust durch die Batterie hat man nicht zu befürchten. In die Batterie kann erst Strom fließen, wenn die Einschaltdrehzahl der Lichtmaschine erreicht wird. Das Kabel von der Lichtmaschine oder vom Regler zur Zündspule braucht man erst zu lösen, wenn die Batterie wieder genügend geladen oder eine volle Batterie eingebaut ist, denn die Regelung der Lichtmaschine wird durch die »Strombrücke« nicht aufgehoben.
Natürlich muß man das am Regler oder an der Lichtmaschine angeschlossene Behelfskabel später wieder abklemmen, oder man muß das vorher an der Zündspule angeschlossene Ende so gut abisolieren, daß es keinen Kurzschluß verursacht.
(Läßt man das Behelfskabel angeschlossen, so hat man es bei der nächsten »Schiebung« gleich zur Hand.)
Die Vorkriegs-DKW-Modelle hatten am Schaltkasten sogar eine gesonderte Zündschlüsselstellung, mit der diese »Schiebeerleichterung« eingeschaltet werden konnte. Solche Raffinessen gibt's bei modernen Motorrädern jedoch nicht mehr – leider.

Kleine Meßkunde

Über das elektrische Messen – den Umgang mit elektrischen Meßinstrumenten – gibt es umfangreiche Bücher. Daß dieses Kapitel in diesem Buch sehr dürftig ist und nur das Nötigste sagt, ist wohl verständlich.
Die Elektrik – besser gesagt der elektrische Strom – hat einen entscheidenden Nachteil: Man kann ihn weder sehen, fühlen, hören, riechen noch schmecken.
Es sind nur die Auswirkungen, die wir bemerken, wie z. B. einen dunkel brennenden Scheinwerfer, ein leise krächzendes Horn, eine verschmort riechende Leitung oder den von einem Zündkabel ausgehenden Schlag.
Ob noch Sprit im Tank ist, kann man sehen, kann es aber auch durch Schütteln der Maschine feststellen. Wieviel Sprit vorhanden ist, kann man allerdings nur messen. Ob eine Batterie noch »Saft« hat, kann man zwar durch Einschalten des Scheinwerfers feststellen (sofern die Biluxlampe ihren Strom von der Batterie erhält und nicht direkt von den Lichtankern), aber wieviel Saft noch in der Batterie enthalten ist, kann man nur mit dem Säureprüfer oder mit einem Voltmeter feststellen. (Wenn man mit einem Voltmeter mißt, muß man schon ein sehr genau anzeigendes Instrument haben, denn die Spannung einer Batterie ändert sich zwischen »vollgeladen« und »fast leer« nur sehr wenig.)

Volt- und Amperemeter

Man bezeichnet sie fachgerecht auch als Spannungs- und Strommesser. Wie wohl allgemein bekannt ist, handelt es sich bei einem Instrument mit dem Buchstaben V um einen Spannungsmesser bzw. ein Voltmeter, bei einem Instrument mit dem Buchstaben A um einen Strommesser bzw. ein Amperemeter. Volt-

und Amperemeter sind die am meisten verwendeten Meßwerke.
Mit einem Voltmeter kann man die Spannung einer Stromquelle bzw. die Spannung zwischen zwei Leitungen messen. Dabei wird jeder Pol des Instruments mit einer anderen Leitung verbunden. Hierbei fließt ein sehr geringer Strom von dem einen Pol über das Meßinstrument zum anderen Pol.
Mit einem Amperemeter mißt man dagegen den Strom, der durch eine Leitung fließt. Hierzu muß die Leitung aufgetrennt werden, das eine der »aufgetrennten« Leitungsenden wird an die eine Klemme des Amperemeters gelegt, das andere Ende der aufgetrennten Leitung an die andere Klemme des Amperemeters. Der gesamte Strom, der von einem Verbraucher aufgenommen wird, durchfließt hierbei das Instrument bzw. dessen Nebenwiderstand und wird so angezeigt.
(Ein ungefähres Beispiel:
Möchte man den Druck – also die Spannung – einer Flüssigkeit in einer Leitung messen, so muß man die Leitung anbohren und hier einen Druckmesser anschließen, wie er auch als Öldruckmesser beim Kraftfahrzeug verwendet wird. Die Spannung wird hier natürlich nicht in Volt gemessen, sondern in kp/cm².

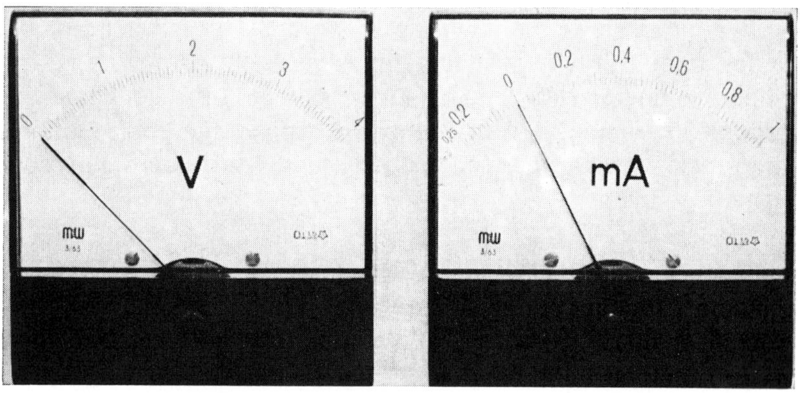

Volt- und Amperemeter haben nicht immer eine passende Skalenteilung. Durch Vor- bzw. Nebenwiderstände können Drehspulinstrumente aber für andere Meßbereiche ausgelegt werden.

Will man statt dessen die Menge des Wassers messen, das durch die Leitung fließt, so wird die Leitung unterbrochen und ein Durchflußmesser eingeschaltet. Einen solchen Durchflußmesser findet man ja als Wasserzähler im Keller eines jeden Hauses. Hier mißt man also den Wasserstrom.)

Wie man sieht, kann man für die verschiedenen Messungen nicht das gleiche Gerät benutzen. Ebensowenig kann man eine elektrische Strommessung mit einem Instrument durchführen, das die Bezeichnung »V« trägt, wie man die elektrische Spannung nicht mit einem Instrument messen kann, das die Bezeichnung »A« trägt.

(Bei Vielfach-Meßinstrumenten kann man die verschiedenen Messungen, wie Spannungs- oder Strommessung, durch Umschalten eines Drehknopfes oder durch den Anschluß der Meßschnüre an andere Anschlußbuchsen vornehmen.)

Nun sind die Skalen der Spannungsmesser bzw. der Strommesser für einen bestimmten Meßbereich ausgelegt. Die zu messende elektrische Größe muß innerhalb dieses Bereiches liegen, wenn das Instrument nicht überlastet werden soll. Aus diesem Grund besitzen die Spannungsmesser bzw. Voltmeter

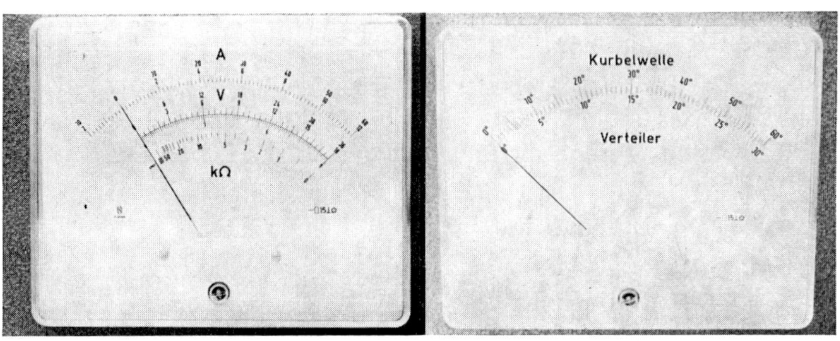

Vielfachmeßinstrumente haben häufig verschiedene Skalenteilungen, die aber für die Messungen an der elektrischen Anlage des Motorrades nicht immer sehr gut geeignet sind und keine genaue Ablesung zulassen. Rechts: die Skala eines sogenannten Schließwinkelmessers, der für die Einstellung des Kontaktabstands am Motorrad aber weitgehend uninteressant ist.

für die Anlagen in Kraftfahrzeugen eine Skala, die höchstens bis zu 30 Volt geht, und das Meßwerk der Instrumente ist speziell für diese geringere Spannung ausgelegt.
Das, was für die Spannungsmesser gesagt wurde, gilt natürlich ebenso für die Strommesser bzw. Amperemeter. Sollen mit einem Amperemeter Ströme bis zu höchstens 40 Ampere gemessen werden, so wird das Amperemeter natürlich nicht für 100 Ampere ausgelegt.

Die Meßwerksarten

Hier ist nicht die äußerlich unterschiedliche Form gemeint, sondern der mechanische Aufbau. Es gibt u. a. sogenannte Drehspulinstrumente und Dreheiseninstrumente.
Für Spannungsmessungen (also Volt!) an der Motorradelektrik kommen eigentlich nur Drehspulinstrumente in Frage.
Diese Drehspulinstrumente können direkt aber nur Gleichstrom (besser gesagt: nur Gleichspannungen) messen, wie es bei Gleichstromanlagen der Fall ist. Sollen Wechselspannungen gemessen werden, wie z. B. die Spannung, die ein Wechselstrom-Lichtanker abgibt, so muß in das Instrument ein Gleichrichter eingebaut sein.
Die Dreheiseninstrumente, wie sie z. B. als sogenannte Taschenvoltmeter für ein paar Mark erhältlich sind, taugen für unsere Messungen nichts, da sie zu unempfindlich und auch zu ungenau sind. Mit ihnen kann man bestenfalls überschlägig feststellen, welche Spannung eine Wechselstrom-Lichtmaschine abgibt.

Die Spannungsmessung

Für Spannungsmessungen bei der Reglereinstellung benötigt man ein Instrument, das eine große Skala mit einem Meßbereich von höchstens 10 Volt (bei 6-V-Anlagen) oder 20 Volt (bei 12-Volt-Anlagen) hat. Es gibt auch spezielle Instrumente für die Messungen in der Auto- und Motorradelektrik, die eine gedehnte Skala im Bereich von 6 bzw. 12 V haben, wodurch man besonders

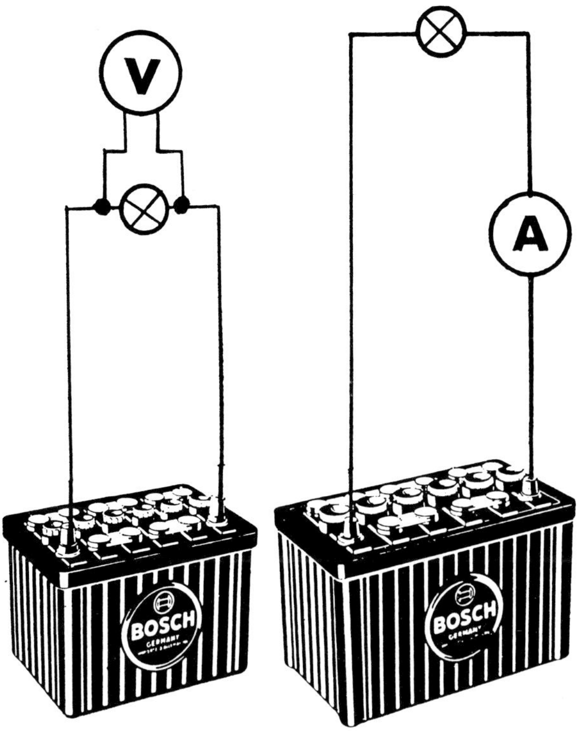

Das Voltmeter wird immer direkt mit dem Plus- bzw. Minuspol verbunden, sofern es sich nicht um eine Messung des Spannungsabfalls handelt. Aber auch hier wird mit den Leitungen des Voltmeters nur „angetastet“. Das Voltmeter wird also nicht in eine Leitung eingeschaltet. Beim Amperemeter ist das anders, zur Messung der Stromstärke muß die Leitung aufgetrennt werden, und das Amperemeter wird hier zwischengeschaltet.

genau ablesen kann. Diese Instrumente sind aber nicht ganz billig, so daß sie für uns kaum in Frage kommen.
Neben den Meßbereichen für 10 bzw. 20 Volt sollte ein für uns brauchbares Instrument aber noch einen Bereich von etwa 1 Volt haben (was man damit machen kann, wird noch gesagt).
Die heute recht preiswert erhältlichen japanischen Vielfach-Meßinstrumente reichen für unsere Zwecke schon aus, obwohl man von ihnen selten eine größere Genauigkeit als $\pm 3\,\%$ erwarten kann. Bei einem Instrument für 10 Volt und einer zu messenden Spannung von 6 Volt würde die Anzeige dann etwa zwischen 5,7 und 6,3 liegen, was für Arbeiten am Regler schon eine zu große Abweichung bedeutet. (Die Toleranz eines Instruments bezieht sich stets auf den Skalen-Endwert.)
Diese japanischen Vielfach-Meßinstrumente haben neben den

an der Lichtmaschine bzw. am Gleichrichter und Minus des Instruments an der Plusklemme der Batterie.
Bei der Messung des Stromverbrauchs eines Verbrauchers liegt Plus des Instruments an der Plusseite der Stromquelle (Batterie oder Lichtmaschine), Minus des Instruments zum Minuspol der Stromquelle zu – also zum Verbraucher zu.

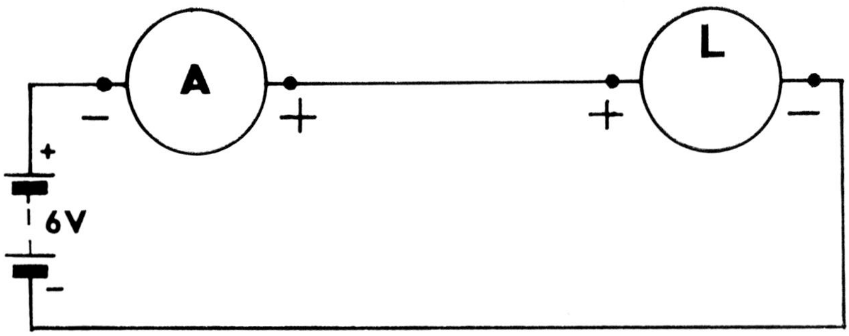

Soll der Ladestrom gemessen werden, den eine Lichtmaschine in die Batterie liefert, so muß der Pluspol des Amperemeters A mit dem Pluspol der Lichtmaschine L verbunden werden. Der Minuspol des Amperemeters kommt an den Pluspol der Batterie.

Die Paragraphen

Selbstverständlich interessieren hier nur die Paragraphen für die elektrische Ausrüstung.
Die gesetzlichen Vorschriften und Bestimmungen für die elektrische Anlage des Motorrads betreffen natürlich nicht die Kapazität der Batterie oder die Zündkerzenwahl, umfassen aber mehr Punkte, als man gemeinhin vermutet.
Man kann die Beleuchtung, die Vorrichtungen für Schallzeichen und die Funkentstörung nicht nach Belieben verändern, und für die einzelnen Klassen der motorisierten Zweiräder gibt es recht unterschiedliche Bestimmungen.
Als Klassen wollen wir ansehen:

A) Motorräder und Motorroller über 50 cm^3
B) Kleinkrafträder bis 50 cm^3 ohne Geschwindigkeitsbegrenzung
C) Kleinkrafträder bis 50 cm^3 mit einer zulässigen Höchstgeschwindigkeit von 40 km/h
D) Mopeds (Fahrräder mit Hilfsmotor und einer zulässigen Höchstgeschwindigkeit von 40 km/h)
E) Mofa 25 (Fahrräder mit Hilfsmotor und einer zulässigen Höchstgeschwindigkeit von 25 km/h).

Zuerst muß man einmal wissen, daß es einen § 22 a StVZO »Bauartgenehmigung für Fahrzeugteile« gibt.
Für die Klassen A) und B) trifft das auf folgende Einrichtungen zu: Scheinwerfer für Fern- und Abblendlicht, Nebelscheinwerfer, Schlußleuchten, Bremsleuchten, Fahrtrichtungsanzeiger, Glühlampen (in außenliegenden Leuchten, nicht für Glühlampen, wie z. B. Tachometerbeleuchtung), Beleuchtungseinrichtung für das amtliche Kennzeichen.
Bei den Klassen C), D) und E) gilt dieser Paragraph für Scheinwerfer, Schlußleuchten, Fahrtrichtungsanzeiger, Bremsleuchten und Glühlampen.

Zwar haben diese Teile schon vom Hersteller aus das erforderliche Prüfzeichen (eine Wellenlinie mit anschließenden Buchstaben und dahinterfolgender Nummer), doch darf man sie nicht zweckentfremden. Man darf also z. B. nicht bastelmäßig eine Bremsleuchte dadurch herstellen, daß man eine zweite Schlußleuchte anbringt, die man irgendwo von einem Schrottfahrzeug abgebaut hat.

§ 50 StVZO Scheinwerfer für Fern- und Abblendlicht

Für A) und B) sind solche vorgeschrieben. Im allgemeinen haben sie eine Leistungsaufnahme von 25/25 W oder 35/35 W. Bei Fahrzeugen nach A) sind neuerdings auch Scheinwerfer für asymmetrisches Abblendlicht zulässig. Da eine Glühlampe für asymmetrisches Abblendlicht mit der Leistungsaufnahme 45/40 W einen anderen Reflektor und eine andere Streuscheibe erfordert, muß in diesem Fall natürlich der gesamte Scheinwerfereinsatz ausgetauscht werden.
Für die meisten Wagen gibt es schon seit einigen Jahren Halogenscheinwerfer für Fern- und Abblendlicht.
Auch für viele Motorradmodelle sind passende Halogen-Scheinwerfereinsätze oder komplette Halogenscheinwerfer auf dem Markt. Bei den meisten Maschinen wird die nachträgliche Ausrüstung mit Halogeneinsätzen unter Verwendung der SAE-Halterung möglich, aber nicht ganz einfach sein.
Der zusätzliche Anbau eines Halogen-Fernscheinwerfers ist ebenfalls zulässig.
In der Anmerkung 16) Doppelscheinwerfer an Krafträdern (zum § 50) heißt es: »Aus BMV/StV 7 - 4082 By/62 vom 25. 6. 1962, Einzelentscheid: Dies gilt auch bei Krafträdern und mehrachsigen Kfz, für die nur ein Scheinwerfer vorgeschrieben ist. Bei ihnen wird es zur Erhaltung des Signalbildes nach vorn notwendig sein, die besonderen Scheinwerfer senkrecht untereinander in der Symmetrieebene des Fz. anzubringen oder den Abstand zwischen ihnen so gering zu bemessen, daß sie bei gleichzeitigem Einschalten (Fern- und Abblendlicht zusammen) bereits aus kurzer Entfernung als eine einzige Lichtquelle er-

scheinen und beim Brennen nur eines Scheinwerfers (Abblendlicht oder Fernlicht allein) dessen seitliche Versetzung aus der Mittelebene ohne Einfluß auf das Signalbild ist. – Zu der Frage, ob beide Scheinwerfer auch für Abblendlicht eingerichtet und eingeschaltet sein dürfen, bemerke ich, daß eine solche Schaltung nach den bestehenden Rechtsvorschriften nicht zulässig ist. Eine Änderung dieser Rechtslage ist nicht beabsichtigt.«
(‚Ich' ist in diesem Fall der Bundesverkehrsminister.)
Der Halogen-Fernscheinwerfer muß so geschaltet sein, daß bei Fernlicht
a) er entweder allein brennt,
b) er und der Fernlichtfaden des serienmäßigen Scheinwerfers,
c) er und der Abblendfaden des serienmäßigen Scheinwerfers.
Da die Lichtanlagen der bisherigen Motorräder mit Gleichstrom-Lichtmaschine praktisch keine Leistungsreserve haben, entfallen natürlich Punkt b) und c). Bei den Drehstrom-Lichtmaschinen der neueren BMW-Modelle ist das anders, diese haben die erforderlichen Leistungsreserven.
Bei Abblendlicht darf nur der Abblendfaden brennen.
Eine Schaltung, die die Wahl zwischen Halogen-Fernlicht und herkömmlichem Fernlicht zuläßt, ist allerdings nicht gestattet. Es heißt entweder: Nur Halogen-Fernlicht, Halogen-Fernlicht + serienmäßiges Fernlicht, Halogen-Fernlicht + Abblendlicht, nur Abblendlicht.
Bei den Klassen C), D) und E) sind nur Scheinwerfer für Dauerabblendlicht mit einer Leistungsaufnahme von 15 Watt zugelassen. Man darf also nicht hingehen und den Scheinwerfer durch einen für Fern- und Abblendlicht ersetzen. (Der Austausch nur der Glühlampe ist ohnehin nicht möglich, da die Glühlampen für Dauerabblendlicht einen anderen Sockel als die Zweifadenlampen für Fern- und Abblendlicht haben.)

§ 53 StVZO Schlußleuchten, Bremsleuchten, Rückstrahler

Sämtliche Fahrzeuge der Klassen A), B), C), D) und E) müssen mit einer Schlußleuchte ausgerüstet sein. Eine Bremsleuchte ist nicht erforderlich, jedoch zulässig. Sofern eine Bremsleuchte nachträglich installiert wird, muß sie natürlich eine Prüfnummer haben, denn sie gehört zu den bauartgenehmigungspflichtigen Teilen.

§ 54 StVZO Fahrtrichtungsanzeiger

Fahrtrichtungsanzeiger, also Blinker, sind vorgeschrieben für neu in den Verkehr kommende Fahrzeuge der Klasse A) ab 1. 1. 1962.

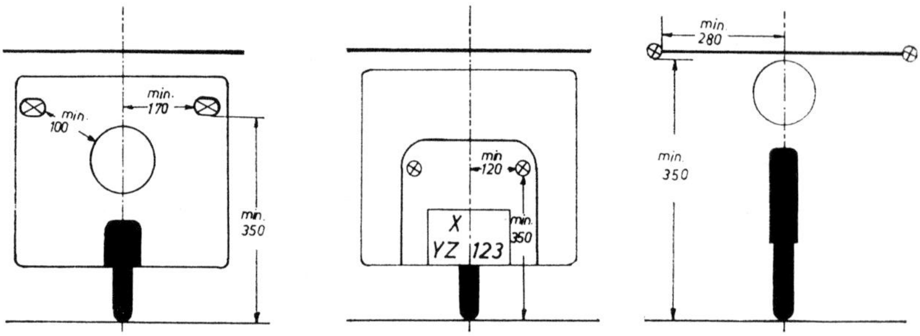

Wie die Blinkleuchten angebaut sein müssen, zeigen die drei Skizzen. Links und Mitte bei teilweiser Verwendung von Blinkleuchten an der Vorder- und Rückseite eines Fahrzeugs, rechts bei Anordnung der Blinkleuchten am Lenker.

Sofern Fahrtrichtungsanzeiger, die für alle Fahrzeuge der Klassen A) bis E) zulässig sind, nachträglich angebaut werden, müssen sie den Vorschriften nach § 54 entsprechen. Hier gilt: An Krafträdern sind zulässig:

a) paarweise angebrachte Blinkleuchten an der Vorderseite und an der Rückseite. Der Abstand des inneren Randes der Lichtaustrittsfläche der Blinkleuchten muß von der durch die Längsachse des Kraftrades verlaufenden senkrechten Ebene bei den an der Rückseite angebrachten Blinkleuchten mindestens 120 mm, bei den an der Vorderseite angebrachten Blinkleuchten mindestens 170 mm und vom Rand der Lichtaustrittsfläche des Scheinwerfers mindestens 100 mm betragen.

Oder

b) Blinkleuchten an den beiden Längsseiten. Der Abstand des inneren Randes der Lichtaustrittsfläche der Blinkleuchten von der durch die Längsachse des Kraftrades verlaufenden senkrechten Ebene muß mindestens 280 mm betragen.

Der untere Rand der Lichtaustrittsfläche der Blinkleuchten an Krafträdern muß mindestens 350 mm über der Fahrbahn liegen. Wird ein Beiwagen mitgeführt, so müssen die für die betreffende Seite vorgesehenen Blinkleuchten an der Außenseite des Beiwagens angebracht sein.

Für Blinkanlagen besteht u. a. die Vorschrift, daß sie mit einer Frequenz von 90 ± 30 arbeiten. Das wird nur dann erreicht, wenn die Batterie eine ausreichende Kapazität hat, und bei Kleinkrafträdern mit Wechselstrom-Lichtanlage ist das nicht immer der Fall. Deshalb sollte man hier auf den nachträglichen Anbau von Blinkern lieber verzichten.

Vergleicht man die Anordnung der hinteren Blinkleuchten an den neuen BMW-Modellen mit der vorhergehenden Skizze, so wirkt die Anordnung gar nicht so störrisch wie es den Anschein hat.

§ 55 StVZO Einrichtungen für Schallzeichen

Für Fahrzeuge der Klasse A) sind nur Hupen und Hörner zulässig. Für Fahrzeuge nach B) gilt das gleiche, doch haben diese vielfach eine Ausnahmegenehmigung für eine Schnarre. Hörner lassen sich nur mit Gleichstrom betreiben und sind etwas teurer als eine Schnarre.
Während früher auch Starktonhörner erlaubt waren, darf die Lautstärke heute in 7 m Entfernung vom Anbringungsort der Schallquelle am Fahrzeug und in einem Höhenbereich von 500 mm bis 1500 mm über der Fahrbahn an keiner Stelle 104 DIN-Phon übersteigen. Die Starktonhörner haben eine größere Lautstärke und sind deshalb nicht mehr zulässig. Zwar gibt es solche Starktonhörner noch für Wagen, doch da sie innerhalb der Motorhaube sitzen, wird die Lautstärke beträchtlich herabgesetzt.
Bei den Fahrzeugen der Klasse C), D) und E) sind nur die gewöhnlichen Fahrradklingeln zulässig, die sogenannten hell tönenden Glocken. Ein Horn oder eine Schnarre darf man auch dann nicht nachträglich montieren, wenn man das Fahrzeug mit einer Batterie ausgerüstet hat.

§ 55 a StVZO Funkentstörung

Sämtliche Fahrzeuge der Klassen A) bis E) müssen entweder metallisch abgeschirmte Entstörkappen mit eingebautem Widerstand haben, wobei die Schirmung mit dem Kerzengehäuse rundum leitend verbunden sein muß, oder sie müssen mit Widerstandszündkerzen ausgerüstet sein. (Widerstandszündkerzen sind Kerzen, bei denen der Entstörwiderstand direkt in die Kerze eingebaut ist.) Sofern es sich um Fahrzeuge mit einem Verteiler handelt (z. B. Münch-Mammut oder Moto Guzzi V 7), muß der Verteiler einen Verteilerläufer mit eingebautem Widerstand haben, und die Verteilerscheibe oder -haube muß mit in alle Buchsen eingesetzten oder eingebauten Widerständen ausgerüstet sein.

§ 52 StVZO Zusätzliche Scheinwerfer und Leuchten

Außer den in § 50 vorgeschriebenen Scheinwerfern dürfen Krafträder, auch mit Beiwagen, mit einem Nebelscheinwerfer für weißes oder hellgelbes Licht ausgerüstet sein. (Bis 1973 waren zwei Nebelscheinwerfer an Motorrädern zulässig.) Er darf nicht höher als die in § 50 vorgeschriebenen Scheinwerfer angebracht sein.
Nebelscheinwerfer am Motorrad haben wenig Wert. Wie sich ein normaler Scheinwerfer nebeltauglicher machen läßt, ist schon im Abschnitt Nebelscheinwerfer beschrieben.
Diese ganzen hier zitierten Vorschriften haben wir natürlich nach bestem Wissen und Gewissen zusammengestellt, doch können wir uns nicht dafür verbürgen, daß Sie bei irgendwelchen Änderungen an der Lichtanlage Ihres Fahrzeuges nicht Ärger mit dem TÜV haben!
Nun sind auch die TÜV-Ingenieure keine Götter und nicht allwissend, und so bitten Sie im Zweifelsfall darum, daß man Ihnen aus der dicken Straßenverkehrszulassungs-Ordnung von Liegel-Bosselmann bzw. aus dem Verkehrsblatt nachweist, daß Sie im Unrecht sind.

Inhaltsverzeichnis

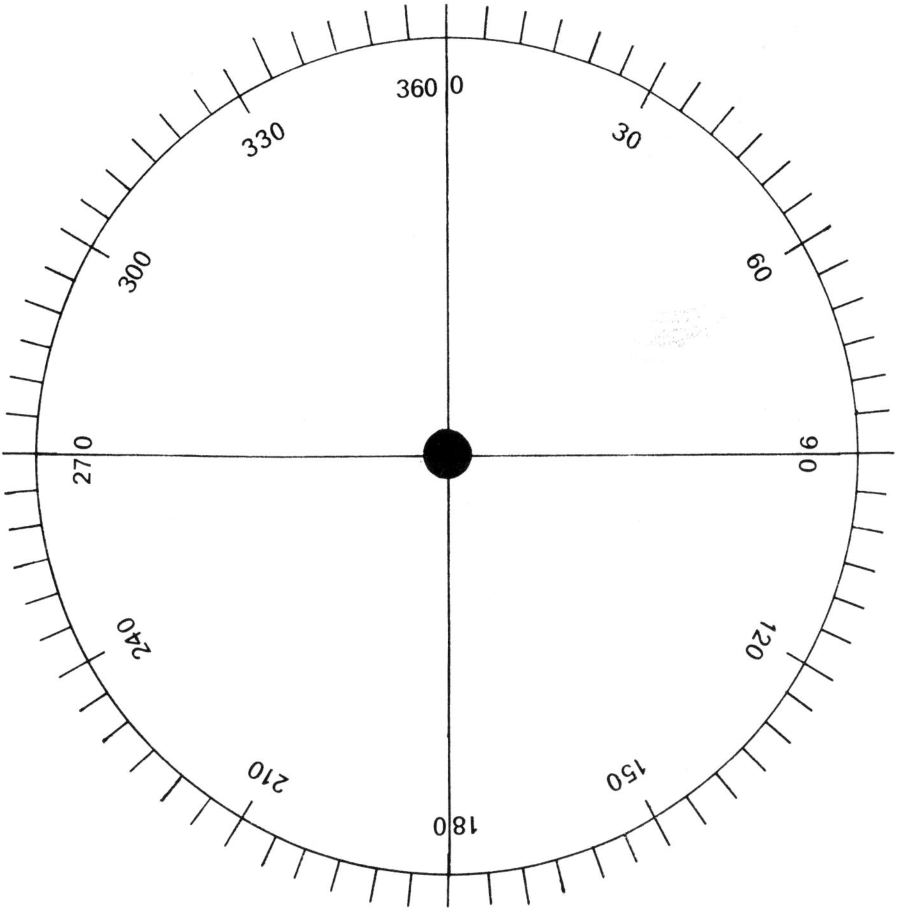
360
0
30
60
90
120
150
180
210
240
270
300
330